巨木位置図

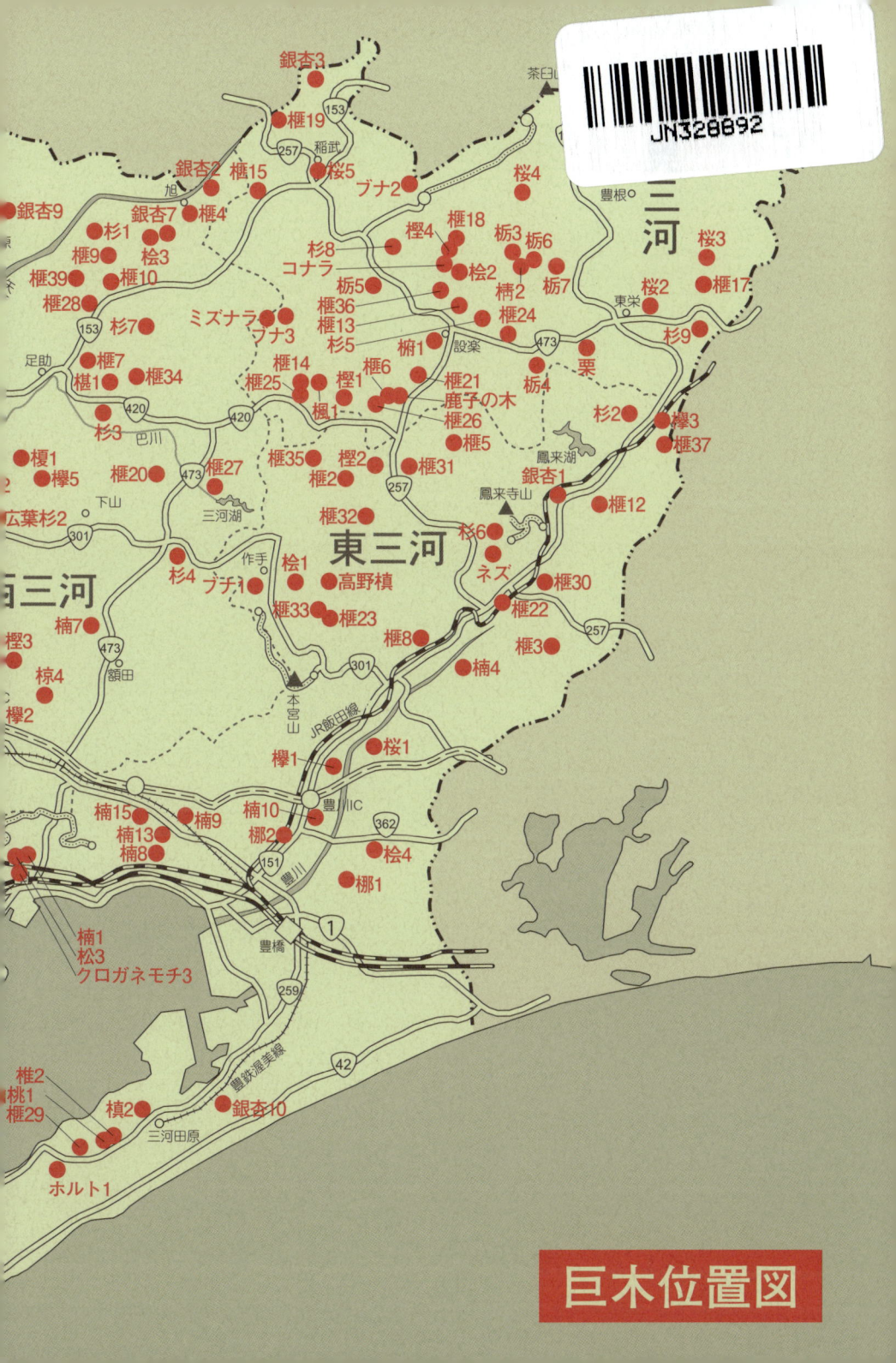

Giant Trees of Aichi pref.
愛知の巨木

中根洋治

風媒社

全国最大級の樫（設楽町）　　＜90ページ参照＞

全国No.4クラスの栃、見つかる（富山村）　　＜84ページ参照＞

「切山の大杉」(額田町) ＜20ページ参照＞　近藤卓氏撮影

名古屋城の榧（内側が戦争で焼けた）　＜30ページ参照＞

紅葉した楓の巨木（設楽町豊邦）　＜152ページ参照＞

色づいた銀杏（豊田市中垣内町）
＜80ページ参照＞

▼ぬけ殻のようになった「くすのきさん」
（名古屋市）＜58ページ参照＞

金竜寺のシダレザクラ（津具村）＜100ページ参照＞　長谷川佳式氏撮影

ブナの巨木がある「面の木原生林」（稲武町）　＜136ページ参照＞

「愛知の巨木」まえがき

　我が国の樹木は四季による年輪があり、また温帯多雨気候による種類も沢山あります。軽くて弾力性に富み、耐久性があるので、建造物や生活用具などの用材として広く用いられます。いわゆる日本の「木の文化」を育ててきました。さらに、樹木は成長と共に、実を付け、木の実が食用や薬用に利用されるばかりでなく、燃料として使用した後の木灰まで酸性化した農地の中和剤、灰汁抜き、染め物、陶器の釉薬などにも利用してきています。

　巨木は長い年月、良い環境で育ってきましたが、近年、大気汚染による酸性雨、周辺の都市化などで生育環境は悪化してきています。しかし、環境の悪化にもめげず、年輪を増やし続けています。そして、人や生き物に新鮮な空気をもたらし、人の目をなごませ、洞は動物の住処とされ、人や動物に食べ物（木の実）さえ与えてくれてきました。

　樹木も生きものです。寿命が来て枯れたもの、風でなぎ倒され、雷に切り裂かれ、邪魔になるからといって伐採されたりしてきていますが、それでも生き残ってきた巨木は多くあります。

　環境省の巨木調査報告書（1991年）、名古屋タイムズの連載記事（1996年）や各市町村の資料など、巨木に関する資料は多くあります。著者は、現存する資料をもとに、在住している愛知県に着目して調査し、生育している巨木を訪ね、資料に載っていない巨木も含め現時点で見直しまとめたものです。

　巨木は、幹周り300cm（直径約1m）以上のものを指しています。木の太さを表す「幹周り」というのは、以前は目通りとか胸高囲とかいわれましたが、地上1.3mの木の周囲に統一されました（次ページ図）。1991年の環境省の報告書によれば、愛知県下には全国60位に入る巨木はないそうです。

　筆者が現地で幹周りを測ったものは実測値として載せましたが、すぐ横にある説明板の記述と明らかに異なるものもあります。もちろん、多

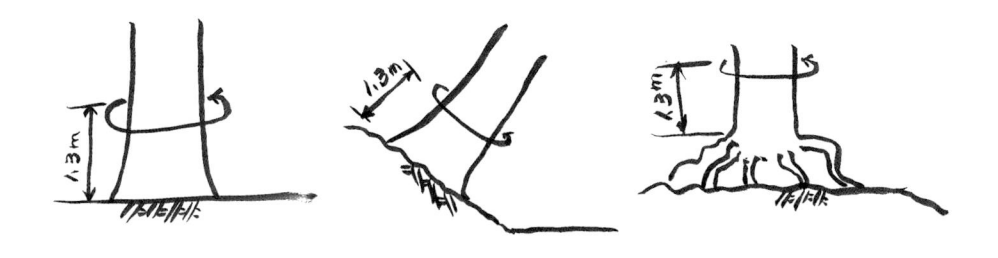

くの場合筆者は一人で調査に行きますので、特に斜面の巨木などは実測値も誤差があるでしょう。あるいは巨木の説明板が古くなり、その間にある程度成長したと思われるものもあるようです。

　長年風雪に耐えてきた巨木は、威厳があって堂々として見えますが、周囲の木々を刈り取ると、環境の変化で倒れるようなことがあります。また、素性の良い木は早く売却され、用材になりにくい木が残る傾向もあるようです。いずれにしても、かっての有名な磐(いわ)や山などと同様に、巨木も注連縄(しめなわ)などして御神木とされることがしばしばです。ここでは天然記念物の指定を拒んできた木も含め選んでみます。この他にも見落としたものがあるかと思いますが、なにせ樹木について素人が、伝聞や俗説も交えて述べますので、間違いがあるかと思いますがご寛容に見ていただければ幸いです。

　なお、所有者の個人名や詳しい場所は省略しました。文中に 道 冨 雑 と表した部分は関係する余談です。

　それから、木の名前や特徴など気付いた部分のみ英文を加えました。また、地名については現在市町村合併がさかんに進められていますが、2004年12月時点での地名としました。

Giant trees of AICHI prefecture

Introduction

There are four seasons in Japan, so the trees have annual ring (growth ring). And there are many kinds of the trees growing in the country of Japan. Therefore, many kinds of trees in Japan have been utilized as materials of structures (houses, bridges, temples, shrines), subsistence goods (tables, flatwares, chairs), and so on. Japanese wood culture has been materialized independent from others.

On the other hand, fruits and nuts of trees have been utilized for not only food but also medicine. Further more, the ash that remains after the wood has been used as fuel has been utilized as counteragent, dye, ceramics, glaze and other such things. Giant trees had been growing under a good environment. However the growing environment has become worse recently because of such things as acid rain caused by air pollution, urbanization and etc. However, the annual ring is increasing annually under polluted environment and nuts, fruits and fresh air have been supplied constantly for human race, animals.

The trees have lives. There are many trees died by finish of lifetime, fall by stormy wind, hacked thunder to pieces and cut for traffic. However, giant trees are the trees survived in the worse conditions.

There is a lot of data referring to the giant trees. For example, the investigation report of giant trees by the Ministry of Environment the reports of newspaper(for instance the Nagoya Times), the data keeping of cities and towns.

This report will be described by the author after putting in order the investigation of giant trees growing in Aichi prefecture based on substaintial data.

The giant trees are defined as any trees that had the thickness of trunk measuring 3m. The thickness of trunk had been formerly measured in thickness of breast height, but now the tree's thickness of to measure 1.3m height from ground. According to the report in 1991 by Ministry of Environment, there is no giant trees in Aichi prefecture within sixtieth.

In this report, all of the giant trees that the author measured the thickness of are described. Because the measurements were carried out by only one author, they indubitablyl contain a lot of errors. For example, there are a few differences between the thicknesses measured by the author and the thicknesses measured by the Board of Explaining of the Giant Trees. Maybe, the giant tree would have grown after their measurements.

The giant trees that had been seen many seasons had been worshiped as a god, or designated as natural monuments. Some giant trees have been refused the designation of natural monument. All of these trees are described in this report.

The author is requesting sincerely the reader's permissions for any errors in this report, because descriptions were based on legends, folklore or common saying.

愛知の巨木　目次

まえがき　7

「檜」(桧)　14
桧1　白鳥神社の大桧 作手村　14
桧2　長江の桧 設楽町　16
桧3　旭町惣田の桧　16
桧4　「長楽の桧」豊橋市　16
その他の桧　16

「杉」　18
杉1　「貞観の杉」旭町　18
杉2　「綾杉」東栄町　20
杉3　「堂庭の杉」足助町　20
杉4　「切山の大杉」額田町　20
杉5　池場守護神社の杉 設楽町　22
杉6　「傘杉」鳳来寺山　22
杉7　八幡神社の二本杉 足助町　22
杉8　寺脇八幡神社の杉 設楽町　22
杉9　東栄町の「大杉さん」　24
その他の大杉　24

「高野槙」　26
高野槙1　甘泉寺の「コウヤ槙」
　　　　　作手村　26

「榧」　28
榧1　名古屋城の榧 名古屋市　30
榧2　鳳来町愛郷の榧　30
榧3　「黄柳野の榧」鳳来町　30
榧4　旭町田津原の榧　30
榧5　鳳来町連合の３本榧　32
榧6　田峯の榧 設楽町　32
榧7　宝珠院の榧 足助町　34
榧8　清龍寺の榧 新城市　34
榧9　庚申堂の榧 旭町　36
榧10　足助町北小田の榧　36
榧11　楽圓寺の榧 足助町　36
榧12　鳳来町名号の榧　36
榧13　設楽町小松の榧　38
榧14　設楽町豊邦の榧　38
榧15　稲武町小田木の榧　38
榧16　藤岡町三箇の榧　38
榧17　東栄町東薗目の榧　40
榧18　設楽町長江の榧　40
榧19　稲武町押山の榧　40
榧20　東加茂郡下山村梶の榧　42
榧21　設楽町田内の榧　42
榧22　鳳来町長篠の榧　42
榧23　作手村高松の榧　42
榧24　設楽町和市の榧　42
榧25　設楽町豊邦の榧　44
榧26　設楽町田峯の榧　44
榧27　下山村羽布の榧　44
榧28　足助町新盛の榧　44
榧29　大福寺跡の榧 田原市　46
榧30　東陽小学校の榧 鳳来町　46
榧31　鳳来町中島(湯島)の榧　46
榧32　鳳来町愛郷(中島田)の榧　46
榧33　作手村高松の榧　48
榧34　足助町山の中立の榧　48
榧35　作手村守儀の榧　48
榧36　設楽町小松の榧　48
榧37　鳳来町黒沢の榧　50
榧38　豊田市大内町の榧　50

梶39　足助町新盛の梶	50
その他の梶	52

「山桃」　53
山桃1　大久保神社の山桃 田原市	53

「楠」　54
楠1　「清田の大樟」蒲郡市	54
楠2　八柱神社の樟 豊田市	56
楠3　村上神社（八幡神社）の楠 名古屋市南区	56
楠4　日吉神社の楠 新城市	56
楠5　松原緑地の「くすのきさん」名古屋市中区	58
楠6　「大田の大樟」東海市	58
楠7　寺野の楠 額田町	58
楠8　御津神社の楠 御津町	60
楠9　八幡宮の楠 豊川市	60
楠10　玉林寺の楠 豊川市	60
楠11　西八幡社の楠 平和町	60
楠12　神宮会館裏の楠 熱田神宮	62
楠13　観音寺の楠 御津町	62
楠14　薬師寺の楠 弥富町	62
楠15　関川神社の楠 音羽町	62
楠16　海鳴山栖光院の楠 知多市	64
楠17　新田白山神社の楠 岡崎市	64
楠18　日吉神社の楠 小牧市	64
楠19　若宮八幡宮の楠 豊田市	64
その他の楠	66

「欅」　68
欅1　砥鹿神社東側の欅 一宮町	68
欅2　瓶井神社の欅 岡崎市	70
欅3　池野神社の欅 鳳来町	70
欅4　八柱神社の欅 藤岡町	70
欅5　豊田市坂上町の欅	70
その他の欅	72

「鹿子の木」　73
鹿子の木1　田峰観音の鹿子の木 設楽町田峯	73

「銀杏」　74
銀杏1　鳳来町能登瀬の銀杏	74
銀杏2　時瀬神社の銀杏 旭町	74
銀杏3　大野瀬神社の銀杏 稲武町	76
銀杏4　津島神社境内の銀杏 津島市	76
銀杏5　名古屋城入り口の銀杏 名古屋市	76
銀杏6　津島神社の銀杏 津島市	76
銀杏7　観音堂の銀杏 旭町	78
銀杏8　大明神社の銀杏 尾西市	78
銀杏9　教聖寺の銀杏 小原村	78
銀杏10　太平寺の銀杏 豊橋市	80
その他の銀杏	80

「栃」　82
栃1　大沼の栃 富山村	84
栃2　井戸川の栃 富山村	84
栃3　東栄町振草字小林の栃	86
栃4　中河内川上流の栃 設楽町	86

栃5　東堂神社の栃 設楽町　86	「ホルトの木」　108
栃6　東栄町振草字小林の栃　88	ホルトの木1
栃7　下粟代の栃 東栄町　88	田原市のホルトの木　108
栃8　大沢の栃 富山村　88	
栃9　漆島の栃 富山村　88	「梻の木」　110
	梻の木1　役場の東のタブ
「樫」　90	設楽町　110
樫1　設楽町豊邦林道沿いの樫　90	梻の木2　津島神社のタブの木
樫2　白鳥神社の樫 鳳来町　92	豊田市　110
樫3　白髭神社のイチイガシ	
岡崎市　92	「松」　112
樫4　天堤のアラカシ 設楽町　92	松1　勝楽寺の黒松 吉良町　114
その他の樫　94	松2　「おみよしの松」弥富町　114
	松3　水竹神社の松 蒲郡市　114
「椹」　96	その他の松　114
椹1　足助町有洞のサワラ　96	
	「伊吹」　116
「桜」　98	伊吹1　摂取院のイブキ 半田市　116
桜1　金沢の山桜 一宮町　98	伊吹2　常滑市大野町のイブキ　116
桜2　長養院の山桜 東栄町　98	その他の伊吹　118
桜3　東薗目の山桜 東栄町　98	
桜4　金竜寺のしだれ桜 津具村　100	「杜松の木」　119
桜5　瑞竜寺のしだれ桜 稲武町　100	杜松の木1
その他の桜　100	鳳来寺参道のネズの木
	鳳来寺町　119
「椎」　102	
椎1　豊田市堤本町の椎　102	「椋」　120
その他の椎　102	椋1　主税町の椋 名古屋市東区　120
	椋2　白山神社の椋 岡崎市　120
「槲」　104	椋3　金明龍神社の椋
槲1　足助町追分のアベマキ　104	名古屋市中区　120
槲2　東栄町振草字小林の	椋4　古部の大椋 岡崎市　122
アベマキ　106	椋5　白山社の椋 江南市　122
槲3　順行寺のアベマキ 岡崎市　106	

「梛」 124
- 梛1　玉泉寺のナギ　豊橋市　124
- 梛2　熊野神社の「なぎの木」
　　　　　　　　豊川市　126

「広葉杉」 128
- 広葉杉1　向陽寺の広葉杉
　　　　　　　　藤岡町　128
- 広葉杉2　晴暗寺の広葉杉
　　　　　　　　豊田市　128

「小楢」 131
- 小楢1　天堤のコナラ　設楽町　131

「槙」 132
- 槙1　妙善寺のマキ　幡豆町　132
- 槙2　当行寺の槙　田原市　132
- その他の槙　134

「栗」 135
- 栗1　「みんざの栗」　東栄町　135

「橅」 136
- 橅1　文珠山城跡のブナ　作手村　136
- 橅2　面の木原生林のブナ
　　　　　　　　稲武町　136
- 橅3　段戸原生林のブナ
　　　設楽町段戸国有林裏谷原生林　138

「榎」 140
- 榎1　豊田市坂上町の榎　140
- 榎2　随応院の榎　豊田市　142
- その他の榎　142

「くろがね黐」 144
- くろがね黐1　六栗のモチの木
　　　　　　　　幸田町　144
- くろがね黐2　白山神社のモチ
　　　　　　　　武豊町　146
- くろがね黐3　神倉神社のクロガネ黐
　　　　　　　　蒲郡市　146
- くろがね黐4　安城市榎前のクロガネモチ　146
- その他のくろがね黐　146

「ミズナラ」 148
- ミズナラ1　裏谷原生林のミズナラ
　　　設楽町段戸国有林裏谷原生林　148
- ミズナラ2　裏谷原生林のミズナラ　148
- ミズナラ3　裏谷原生林のミズナラ　148
- ミズナラ4　裏谷原生林のミズナラ　150
- ミズナラ5　面の木原生林のミズナラ
　　　　　　　　稲武町　150

「楓」 152
- 楓1　設楽町豊邦の楓　152

「イヌビワ」 154
- イヌビワ1　名古屋城入り口のイヌビワ
　　　　　　　　名古屋市　154

「巨木よもやま話」　156
愛知県巨木ランキング　162
愛知の巨木　所在MAP　163
あとがき　168

「檜」(桧) Hinoki 〈学名Chamaecyparis obtusa〉

　日本独自の木である桧の語源は、「火の木」、すなわち摩擦によって火を熾す木のことらしく、風で幹と幹が擦れ、自然発火することもあるようです。火鑽神事に使う木も桧のようです。

　桧は木の王様といわれますが、その理由は、どちらの方向からも削りやすくて、腐りにくく、香りが良い樹木で、建築の用材として最適だからです。伊勢神宮をはじめ、多くの神社仏閣などの建造物に使われています。民家でも、総桧造りと賞賛されています。樹皮は屋根の「桧皮葺き」としても使われてきました。このように、桧は用材として優れているので、巨木になる前に伐採され、巨木といわれるものは非常に少ないのです。

　HINOKI grows only in Japan. This is a tree named "fire tree", because it sometimes causes tree fire because of friction. It is said that a few forest fires were created by spontaneous combustions from the friction of these trees. Further, pieces of this tree have been used for the *Hikiri* ceremonies at shrines .

　The wood of this tree is called the king out of many different kinds of timber, because the wood can be planed easily. The timbers of this tree was used in the architecture of Shinto and Buddhists. For example, there is the *Atsuta* and *Ise* shrines, and Horyu temple. In addition, houses were built using whole timbers of "fire tree" which is admired in Japan. The bark of this tree was utilized for *HIWADABUKI* roof materials. Because this tree was utilized for architectural structures and public structures, the tree was cut down in great numbers. As a result, there are few giant trees in Japan.

桧1
白鳥神社の大桧　南設楽郡作手村清岳 (H14・11・2訪)

　　　　　根周り約730cm、折れた枝の上の周りが約590cm　(村指定)
　🈳ここはまた武田軍の「古宮城跡」であり、信長・家康軍の亀山城から1kmばかりの近距離です。武田方に処刑された人質の「おふう (13才) 仙丸 (10才) 虎之助 (13才)」の3人が最初に連れ込まれた所といわれます。

　また、このすぐ東方には豊川と矢作川水系の平地分水嶺があります。平地の田園地帯ですので、その付近の溝をしばらく見ていても水はどちらへ流れて行こうか迷っているようです。

　写真に写る柴田功さんは、作手の郷土史に詳しい人でしたが、平成15年12月に急逝されました。これでまた多くの歴史が消えたことでしょう。＊巻末地図1

桧1 作手村 白鳥神社の大桧

桧2
長江の桧　北設楽郡設楽町（H16・7訪）

実測幹周り600cm、推定樹齢650年
（町指定天然記念物）

　根元で分かれた桧を含めると根周り800cmで樹勢良く、屋敷の中にあります。根元には墓石とか馬頭観音等の石仏が集められています。

遠景（遠山家）

　區東には田口を含む10ヶ村の氏神である長江神社があり、北には長江城跡があります。その城跡の東側を古道（戦国期の伊那街道）が通り、その峠を「酒盛り峠」というそうです。この南東に大鈴山がそびえ、大字長江の字名は本江・天堤・尊出平・田平です。＊地図2

桧3
旭町惣田（そうだ）の桧　東加茂郡旭町（H15・4訪）

実測幹周り550cm

　周囲は手入れされており伐採・植林が繰り返されてきたのに、この木だけは残されてきたようです。母樹林（この木から苗木をとる）として扱われれてきたのでしょうか（それにしては枝が多すぎるのですが）。この木を訪ねるには山道もありません。猪でも登れないような急斜面の上の鞍部にあります。「あいちの名木」（平成3年愛知県緑化推進委員会編集・名銀グリーン財団発行）を参照。

桧4
「長楽（ながら）の桧」　豊橋市長楽（H16・5訪）

実測幹周り535cm（市指定）

　その根元には歌碑があり、「いにしえの鎌倉道の跡所　とはにつたえよ　ひのきと地蔵」とあります。耕地整理された農地の中に1本だけ残されており、この老木は息絶え絶えです。かっては姫街道（鎌倉街道としても利用されたことでしょう）がこの木の根元を通っていたらしい。雷にもやられたこの木の根元には、地蔵さんがモルタル造りのお堂の中に座り、その横のものは陽石で、その前の石には穴ぼこが沢山あいています。これは古代から続く盃状穴（はいじょうけつ）という女性性器を想起されることから、陽石と共に子宝とか穀物などの生産を願ったものです。＊地図25

その他の桧
　岡崎市切越の夫婦桧は太い方が幹周り410cm（H16・5再訪）、津具村大島の白鳥神社にある幹周り370cm、下山村立岩の白山神社の幹周り360cmなどがあります。

桧2　設楽町　長江の桧

桧3　旭町の桧

桧4　豊橋市　長楽の桧

「杉」 Japanese cedar 〈学名Crypttomeria japonica〉

　杉は真っ直ぐに伸びる木、ということから名付いたようです。古名では真木といったそうです。国内の樹木では最も寿命が長く、屋久島には樹齢6000年を越える縄文杉とよばれる巨木も生きています。家屋の板材・舟材・桶材・樽材・曲物材などに、葉は粉にして線香に、樹皮は杉皮葺など屋根材として使われてきました。近年では用材として高価なものとなり、他の材料に取って代わられるようになってきました。

　一般的には、針葉樹は弥生期以後から良く使われるようになったそうですが、福井県の鳥浜貝塚（5000～6000年前）からは多数の杉板や丸木舟が発掘され、当時から使われていたことがわかります。平安時代に造営された出雲大社の柱は、直径135cmの杉丸太3本を金属で束ねて1本の柱とし、高さ48mの社を複数の柱で支えていたそうです。（巻末参照）

　杉は、伐採した当初は桧より比重が大きいのですが、乾けば0.37くらいで桧より軽くなります。杉は水分を多く保持するので、水分の多い土地で成長するようです。

　一方、杉はまっすぐ成長するからか、神社仏閣の境内に植えられることが多く、用材として伐採されることなく成長したものがあり、ここでは特に太い杉のみを取り上げました。

The Japanese name "*SUGI*" or ancient called "*MAKI*" was named after since they grow straightly. They live the longest among the trees in Japan, and even there are giant ones living for over 6000 years in Yakusima Island. The reason why they tend to be planted in precincts of shrines and temples seems to be that they grow straightly. There are ones saved from being cut that have grown especially old like the ones shown here.

杉1
「貞観の杉」 東加茂郡旭町杉本 （H15・5 再訪）

　　実測幹周り1240cm、樹齢1200年　県下1の巨木　（1944年国指定天然記念物）

　貞観年代（860年代）からというもので、神明神社の入り口にあり、現地の説明板によれば、目通り1170cm・高さ45mとあります。（目通りとは、従来の測り方で目の高さの周寸法）そのためか、地名まで「杉本」となっています。この木を裏から見ますと、古い方の木の空洞部から若木がもう1本伸びているように見えます。長野県根羽村の「月瀬の大杉」（全国6位）も太い木の根元か

杉1 旭町「貞観の杉」

ら枝が出ているようで、よく似た形に見えます。
　このような神社の大杉はしばしば「御神木」とされ、万葉集にも「神奈備の三諸の山に斎う杉」という歌があります。これは、神体山にある杉を神として祭る、というような意味だと思います。
　囲この社標の基礎のほかに数個の隕石のような石は、地元で「鉄石」と言われていて、比重が大きく、少し北方から産出したそうです。西方の「冠山立石寺」には人の形をしたものがあります。＊地図3

杉2
「綾杉」　北設楽郡東栄町三輪（H16・9再訪）
　　実測幹周り870cm、高さ45m、推定樹齢400年（1955年県指定）
　　樹高と推定樹齢は現地の説明板の数値です。
須佐之男神社にあり、2本が「あやかる」ように合体（癒着）しているので綾杉の名前となったようです。
　囲ここはJR東栄駅の北側を登って行った従来「畑」といわれた所で、江戸時代には池場の方からこの杉の所を通って、信州へ行く街道（金指街道）でした。それが明治時代になると、別所街道という名称で、概ね現在の奈根川ルートになりました。
　「三輪」という地名は、奈良の三輪山に代表されるように神に関わるものかと想像していますが、同じ大字の北側に「コウチ（河内）」という所もあり、その西方の山の上に「夕立岩」というのがあります。こういう岩壁は鳳来寺や三重県熊野市の「花の窟」などのように信仰された場所ですので、コウチは「神内」から来たかも知れません。＊地図4

杉3
「堂庭の杉」　足助町葛沢（H15・8・23訪）
　　実測幹周り870cm（無指定）
　環境省のデータでは幹周り855cmです。薬師堂にあるこの木は荒々しく太いものです。根元には元禄11年（1698）建立の十一観音などがあります。国道420号を足助の町から大見橋へ行き、その手前を南に行きます。＊地図17

杉4
「切山の大杉」　額田町切山（H15・1再訪）
　　実測幹周り815cm（町資料は850cm）、樹高38m、推定樹齢1000年（1968年県指定）
　枝が垂れ下がり、1本は地面に着いてそれが根を張り、成木になっています。こういう杉の種類を芦生杉というのだそうです。この種の杉は、裏日本のウラスギともいうもので、雪の重みで枝が地面に垂れて根付き、子孫を増やしてい

杉2　東栄町「綾杉」

杉4　額田町「切山の大杉」

杉3　足助町「堂庭の杉」

く習性のあるものだそうです。
　皇大神社所有ということですが、神社らしいものは今見あたりません。樹齢は「貞観の杉」に続く古さに見えます。
　圀この杉の根元を豊田と新城を結ぶ挙母街道が通っていましたが、昭和5年頃現在の国道301号のルートになったようです。

杉5
池場守護神社の杉　設楽町和市（H14訪）
実測幹周り810cm（無指定）
　天然記念物の指定を拒んでいるそうです。神社名の池はどこか分かりませんが、地図によるとここは鹿島山（912m）の南中腹に位置します。＊地図2

杉6
「傘杉」　鳳来寺山（H15・11再訪）
実測幹周り770cm、**高さ日本1＝60m**、樹齢800年（無指定）
　読売新聞選定の「日本名木百選」（1989年）に選ばれました。鳳来町の鳳来寺山表参道の（南西から）石段を登り、山門を超すとすぐ見えます。日本1の樹高は最近計測して新聞報道されました。＊地図28

杉7
八幡神社の二本杉　足助町五反田（H16・9・18訪）
実測幹周り730cmと590cm（町指定）
　環境省の報告書では太い方が幹周り690cmとなっています。
　五反田は30軒ばかりの山奥の集落で、横に曹洞宗宝田山「昌全寺」があります。2本の杉は写真のように素性が良く、空洞は見あたりません。＊地図5

杉8
寺脇八幡神社の杉
設楽町東納庫（H16・7訪）
　実測幹周り710cm（元県天然記念物、現在は町の天然記念物）
　明治17年10月の火災で一部が枯れています。元の高さは38mあったそうですが、今は20mくらいから上の幹はありません。
　国道257号沿いの集落の北の平地の中で、北方には碁盤石山が見えます。

杉8　設楽町　東納庫の杉

杉5　設楽町　池場守護神社の杉

杉6　鳳来寺山の「傘杉」

杉7　足助町　五反田の杉

杉9
東栄町の「大杉さん」

東栄町西薗目字名倉（H16・9訪）

　実測幹周り710cm、推定樹齢400年（町指定）
　県天然記念物「預り淵」の入り口から反対側の細い山道を、高低差200mほど軽四で登って行きます。頂上近くに2軒の家があり、その間の林道から墓の横を歩いて頂

「預り淵」

上へ登って行きます。そこのおばさんは「大杉さん」と呼んでいましたが、現地の祠は「山の神」だそうです。2軒の苗字は大岩さん（杉の所有者）と伊藤さんのようです。軽四の道が出来る前は、「煮え淵」の吊り橋を渡って歩いてこの名倉へ来ていたそうです。

　どうしても気になるのは、大杉の枝の下に放置された細い丈夫そうな「輪っか」になったロープです。何のために「輪っか」になっていたのでしょうか。入り口の墓とは別に2軒の墓地が途中にありました。＊地図4

その他の大杉

　新城市平井八幡宮の杉は実測幹周り675cm、**下山村立岩にある白山神社の杉**は、実測幹周り670cmです。**足助町岩神にある大日堂の杉**は目通り665cm、東三河本宮山頂の**砥鹿（とが）神社奥宮の御神木**は古めかしく、目通り650cmといわれます（H13・3訪）。

　なお、伊勢神宮最大の杉は幹周り約700cm（拝殿前の二股に分かれた木は約950cm）です。従ってここでは幹周り700cm以上を目処に選びました。

その他の杉　下山村　立岩の杉

その他の杉　新城市平井八幡宮

杉9　東栄町「大杉さん」

その他の杉　足助町　岩神の杉

その他の杉　東三河　本宮山の杉

「高野槙」 Kohya maki 〈学名Sciadopitys verticillata〉

　高野槙は現代では日本独自の木であり、別名ホンマキともいわれ、和歌山県の高野山に多く生えているからこの名前になったそうです。実際には木曽地方から西で主に生育している木です。木曽五木の一つとされ、桶・船材・橋材などに使われてきています。ヨーロッパでは第3紀層から化石として産出します。

　KOHYA is a tree living only in Japan. The name results from the fact that the many trees were growing on *Mt. KOHYA* in Wakayama prefecture.

高野槙1
甘泉寺の「コウヤ槙」 作手村大字鴨ヶ谷 (H14訪)
　幹周り650cm、推定樹齢600年　(国指定天然記念物)　〈日本1太い高野槙〉
　清岳の大桧から東へ1km足らず行って、北側の大杉並木を登った奥に甘泉寺があり、その西方にある鳥居強右衛門の墓のそばにあります。全国的な高野槙の大木は不思議なことに東関東にあり、群馬県高山村の泉龍寺の幹周り600cm、宮城県松山町の石雲寺の幹周り530cm、などが有名です。＊地図1

甘泉寺への杉並木

高野槇1　　　の高野槇

「榧」(かや)   Kaya 〈学名Torreya nucifera〉

榧については次の理由で多くを紹介したいと思います。

この木も我が国独自の木とされます。碁盤としては最良で、柔らかな材質のため碁石を打つ音が吸収され、碁石を打った凹みが翌日には戻るそうです。木の香りがとても甘く、実はアーモンドのような形です。飢饉の時に食用とするため、昔は山村の多くの屋敷内に植えられたそうです。また子供の「おねしょ」に効くともいわれ、これを絞って食用油も作りました。

4000年前の榧を掘り出した知人がいます。この年代については、C14年代測定をアメリカに依頼（経費約8万円）して分かったことですが、その当時からこの樹種はあったことになります。

幹は腐りにくいということから仏像の一木造り（例えば滋賀県渡岸寺の仁王像）や、家屋の土台などに使われました。また、滋賀県の近江富士で有名な三上神社は、西暦716年藤原不比等が榧の木で建てたといわれます。身近なものでは、料理用のまな板として榧材が最高とされ、寿司屋さんで大きなものを見ることがあります。木が柔らかいので包丁が減らないし、魚がすべりにくく、香りの良いということもあるでしょう。これらのようにとても興味深い木なのです。

榧の木で作った風呂に入ると、体が痒(かゆ)くなるといわれますが、敏感な人は伐採に携わるだけで痒くなるそうで、このことから樹名になったと聞きます。

この木の特徴として、枝の出方が「対生」といって同じ高さから両側に枝が出ます。また桜と同様、枝を切るとそこから腐るので、剪定はしない方がよいようです。しかし、この木は根元近くから枝が出易く、しかもその葉は槙や樅より先が尖っていて、触れると痛いので剪定されがちです。もしも剪定するならば、枝の根元を切らず、葉が残るように途中から切り落とせばよいでしょう。イヌガヤは、葉先は触れても痛くなく、実から灯明油を採ったそうです。

榧の実は一般に灰汁 があります。灰汁抜きは、木灰と水を混ぜ、その中へ実を1週間ほど漬けておき、乾燥させてから煎って食べます。山がら（鳥）が実を運んで行きますが、泥の中へ漬けておいてから食べるそうです。

This *KAYA* tree has many good properties, such as soft timber, sound absorption, a sweet smell and so on. The timber of this tree is utilized to make a tool used in the preparation of *SUSHI*. However, the nuts of the tree are used for food, and medicine.

For the materials of Buddhist statues, the logs of this tree have been used since long ago.

榧1　名古屋城の榧（昭和50年頃撮影）

榧1
名古屋城の榧　（H16・9再訪）　―写真は前ページ―

実測幹周り810cm、推定樹齢600年、高さ18m〈国内3番目に太い榧〉（1932年指定国天然記念物）

昭和20年（19445）の空襲で被災して、骸骨のような姿の内側は現在でも炭化状態です。しかし、現在は樹勢を取り戻しています。かつて、その実は藩の諸侯の祝膳に載ったと現地の説明板にあります。＊地図16

榧2
鳳来町愛郷の榧　鳳来町愛郷（上島田）字長田（H14・1訪）

実測幹周り610cm（1960年町指定天然記念物）

一見して空洞はないようです。現地の説明板での目通りは560cmとなっています。筆者の実測との違いは、傾斜地のためか、それともその後太くなったためでしょうか。年2mmの成長とすると、50cm位太くなっても良い計算です。

この木は西暦1600年ころ、下吉田から嫁入りした嫁が初客の時に持って来て植えたものだそうです。この木の後ろには、豊田・岡崎方面からくる、かっての秋葉街道が通っています。また近くには縄文時代の「蟹ヶ沢遺跡」もあって、古代色豊かです。（松井さん所有）

中島田には実測幹周り330cmの榧もあります。（後述No.32）＊地図6

榧3
「黄柳野の榧」　鳳来町（H17・1再訪）

幹周り568cm、推定樹齢500年（1959年町指定）

県道から「黄楊」の自生地への入り口にあたります。江戸末期に法正寺から買った時、転売はしないこと、という条件が入っていたそうです。

榧4
旭町田津原の榧　東加茂郡旭町大字田津原（H16・8再訪）

実測幹周520cm、推定樹齢500年（町指定天然記念物）

幹周り520．390．260cmの3本が小沢宅の裏にあり、枝が屋根の上に覆い被さるので、時々剪定をしてみえます。実は沢山成る年（成り年）とそうでない年がありますが、概して昔の方が沢山成ったそうです。榧と家の間は崖になっていて、猪の侵入防止柵があります。

東西に長いお宅は千木のある茅葺きでしたが、今は瓦葺きに変わっています。屋敷の前に県道、その南の下方に段戸川が流れ、この緑の谷間の家屋数は30戸あるそうです。田津原はどちらの集落からも離れた所で、上矢作町の同様な条件の場所も「タッパラ（達原）」といわれる大字名があります。

榧2　鳳来町愛郷の榧

榧3　黄柳野の榧

坪崎の榧（幹周300cm）
　　　―次ページ参照―

榧4　旭町田津原の榧（幹周520cm）

「坪崎・田津原鍋の底」といわれるくらいこの辺は谷が深いところで、飯田街道の伊勢神峠から西方にあたります。東海自然歩道が猿ヶ城跡を通り、「千人塚」（武田軍との合戦跡）を越す付近が坪崎で、そこにも幹周り300cmほどの椛があります。この椛から谷を介して東側のお宅の裏山にも、幹周り270cmほどの根元から7m位枝のない椛が2本あります。枝の無い区間はやや曲がっています。

幹周り390cmの椛

　圍坪崎はむかし、南方から今の県道コースを辿って信州善光寺へ向かうもう一本の道筋でした（今も善光寺を案内する道標がある）。飯田街道の伊勢神峠の旧名は「石神峠」であり、坪崎を通って稲武町小田木へ向かう峠名は「小石神峠」といいます。

　西方の美濃方面からの道は、概ね東海自然歩道を辿って来て、千人塚付近から坪崎のの善光寺道（前述）と合流し、飯田街道の段戸川渡河部から別途南向きの山腹を登り、足助町大多賀を経て裏谷を径由し、田峯を目指したようです。これは、その先鳳来寺さらに秋葉山まで歩いた「秋葉街道」です。

椛5
鳳来町連合の3本椛 (H15・2・15訪)

　各々の幹周りは上段490cm・中段430cm・下段410cm（無指定）

　実は成らないようです。旧県道の与良木トンネルへ登る途中を、斜面の下方へ降りた所で、田畑さんの旧宅地にあります。不在ですので、隣人に断って拝見しました。

椛6
田峯の椛　設楽町田峯 (H15・2・15訪)

　根周り595cm、推定樹齢400年（無指定）

　田峰観音から西へ登った所にあります。この辺りに5本ばかりあるのですが、地下水の研究者が言うことに、「田峯の地下水が良いというのは、椛の木の多いことが影響しているだろう」とのことです。ここで最大の椛は、字中根の加藤宅にあるものです。根元近くから二股に分かれていますので、各々の太さ380cm・320cmの断面積の合計から1本に換算した周囲は約490cmになります。これを幹周りとしてランク付けします。この木には多くの実が成りますので、食用油も採ったそうです。この木の一番の特徴は、家の広場から下の石垣の表面を覆って幹とも根とも判断しかねる部分があることです。この木も天然記念物の指定を拒んでいるそうです。この木には「木コク」が宿り、筆者のように木コクの花が咲かない時期に写真撮影に来る人は稀だそうです。＊地図27

榎5　鳳来町連合　上段の榎（幹周490cm）　手前（下段）410cmとむこう430cm（中段）

田峯のしだれ榎（次ページ参照）

榎6　設楽町　田峯の榎

㊤田峰観音の南に田峯城が復元され、南と東は寒狭川の深い谷となっています。昔は美濃方面から裏谷を通って、尾根伝いにここへ来る道、あるいは、足助や岡崎方面から「鳴沢の滝」を径由して、近道（作手道）を通ってこの田峰観音にお参りする道が賑わったようです。そしてここからさらに鳳来寺へと行ったわけです。田峯には他にも、そこから少し坂道を登っていくと、山村宅に立派な榧があります。（26番目の榧－後述）

　さらに坂道を登っていくと「しだれ榧」があり、目通りを測ると290cmでした。この木の実は大きいそうです（前ページの写真）。

　坂道の終点のお宅にも目通り310cmの榧がありますが、その上部は枝を切ったためか、幹が半分腐っていました。

　㊤そこから山道を南へ歩いて行くと、尾根の先端が作手道と交差します。むかし長篠で武田軍が破れて敗走してきた時、同行した田峯城主菅沼定忠が自分の城へ入ろうすると、留守居役の家老以下数十名は門を閉ざしました。仕方なく一行は武節径由で甲府へ逃れました。翌年定忠は戻って、城主を裏切った家老以下96名を処刑し、さらし首にしたのがこの交差地点であったそうです。

榧7
宝珠院の榧　足助町中之御所（H15・8訪）

実測幹周り470cm（無指定）

　寺の山門の所にあり、雷によるものか割れて中身は空洞です。2003年8月30日に再訪した時、緑色の丸っこい実が成っていました。

　㊤中之御所という所は、南北朝時代に後醍醐天皇の孫といわれる尹良親王が一時居たとされ、それでこの地名になった

旧飯田街道から見た榧

そうです。そしてこの寺は、元は天台宗でしたが後に浄土宗となり、正式名は光明山円732寺宝珠院だそうです。足助の地は16世紀後半の頃、大給松平4代親乗がここまでを領し、後に西尾城主から老中になった12代乗完が1775年に、2代乗正・3代乗勝・4代親乗のために高さ各3mほどの大きな墓をこの境内に建てました。

　また、寺の前は明治31（1898）年までの信州伊那街道（飯田街道）で、その後街道はほぼ現在の国道153号のルートになりました。

榧8
清龍寺の榧　新城市平井（H16・8訪）

実測幹周り485cm（無指定）

　飯田線東新町駅の北側ですが、5mくらいから先は折れていますので遠くか

榧7　足助町　宝珠院の榧

榧9　旭町　庚申堂の榧（次ページ参照）

榧8　新城市　清龍寺の榧　※円内は宿り木の「細葉犬枇杷」

ら見えません。幹は腐りかけ、セメントが埋め込まれて居るところもあり、近々崩壊するかもしれません。しかし、先の枝はまだまだ生きるのだといわんばかりに青々として、実も付けています。また途中に宿る木は、小さな赤桃色のイチジクのような実を付けた眩いような「細葉犬枇杷（まばゆ）」ということです。この境内で唯一華やかさを感じるものでした。筆者は初めて見るこの木に大変感動を受けました。ここは寺といっても本堂らしきものや鐘楼も無く、無住のようです。石仏や小さな仏堂、そして昔の住職の墓らしいものが、遠い昔の信仰が盛んだったころを物語っています。隣りの近代的な農協や、葬祭センターとは対照的です。近々、この境内も無くなってしまうのではないかと危惧します。この破壊の世紀の犠牲にならない良い方法はないのでしょうか。＊地図9

榧9
庚申堂の榧 東加茂郡旭町東加塩（ひがしかしお）（H15・3訪）—写真は前ページ—
根周475cm（無指定）

この木は根元からすぐ幹が分かれております。立派な石垣とお堂を共に見ていると、ここは地区の信仰の中心であったものと思われます。

榧10
足助町北小田の榧（きたこだ） 足助町北小田字大洞（H15・3・5訪）
実測根周り565cm、幹周り390cm（無指定）

宇井宅の榧です。この榧は「つなぎ榧」といって、次のような伝承があります。「昔、乞食がご飯を食べさせてもらったお礼に、穴のあいた実を置いていった。その実から育った木がこの木である。」というもので、実際にこの榧の実の数々をよく見ると小さな穴が2つ空いているものがあります。実を生で食べると、十二指腸虫の駆除に効いたそうです。ここは国道153号の坂を北東へ上って、Uターンするように北へ町道を上り、峠を越えて降りた2軒目になります。昔、この峠はトンネルだったそうです。

榧11
楽圓寺の榧（らくえんじ） 足助町追分（H15・3訪）
実測幹周り440cm（町資料415cm）（1978町指定）

幹の肌からして樹齢は古めかしく、この木は大字追分でも田振地区（たぶり）にあり、足助街道から西方の高所に見えます。＊地図20

榧12
鳳来町名号の榧（みょうごう） 鳳来町名号（H15・12・28訪）
実測幹周り465cm（無指定）

実の成る木です。最近、所有者の和田さんに教えてもらったもので、人の胸

榧10　足助町　北小田の榧

榧11　足助町　楽円寺の榧

榧12　鳳来町　名号の榧

高付近から二股に分かれていますが、樹勢は旺盛で空洞はないようです。榧の木は食用にするため住居の傍にあるのが普通ですが、この木は昔から付近に家はなく山の麓にあります。

榧13
設楽町小松の榧　(H16・7再訪) 夏目宅

幹周り460cm、根周り440cm（町指定）

　町内1とされますが、根周りの方が小さいのは写真で見るように目の高さ付近に枝が出ているせいでしょう。空洞になっているのは、以前籾殻の火が中に移ったためだそうです。隣りが大通寺で、東海自然歩道のコースになっています。

　ここまで登ると標高560mほどで、西方に段戸山の峰々がよく見えます。しかし今、西から登ってきた谷にある家や農地などの多くはダム湖の中に入る範囲になります。

榧14
設楽町豊邦の榧　(H16・10訪)

実測幹周り440cm

　20数軒ある字桑平の中でも国道420号から北方へ急坂を登っていった山腹の集落内にあります。一旦そこまで上がるとほぼ水平な道があり、途中の廃屋の所の道の左右に榧の木があります。谷の方の榧が太いのですが、蔓がはびこり放置状態です。蔓を切ってやりたいのですがいけないでしょうか。

榧15
稲武町小田木の榧　北設楽郡稲武町
（H16・7・11訪）

実測幹周り435cm（無指定）

　この寸法は写真のように最も細くくびれた部分の寸法です。根本の石塔は天保八年（1837）「風間院四国霊神」というような文字が刻まれています。それからこの根元の道はきっと足助町大字大多賀に繋がっていた古道と思われます。

旧飯田街道から見た姿

榧16
藤岡町三箇の榧　西加茂郡藤岡町大字三箇
（H16・7・11再訪）

実測幹周り425cm　町指定

　町の説明板によると幹周り440cm・推定樹齢250年、実が2俵成るとされています。

三箇の榧の実

榧13　設楽町　小松の榧

榧14　設楽町豊邦　桑平のツタのからまる榧

榧15　稲武町　小田木の榧

榧16　藤岡町　三箇の榧

榧17
東栄町東薗目の榧　（H15・8・16訪）大野宅
　実測幹周り415cm（町資料は460cm）、推定樹齢350年以上、樹高約20m

　奥さんに伺ったところ、「昔は実が沢山成って、肥袋（米なら50kg入り）に何袋も拾うのが仕事だった。その実は設楽町の人が「榧の実せんべい」を作るために取りにきた。最近3～4年不作が続いている。この木の実は灰汁抜きせずに食べられ、山がらという鳥もそのまま食べる。昔、家が火事になった時この木の中へも火が入り、中が空洞になっている。」とのことでした。夏に訪問したのですが、もう既に丸まると肥えた実が数個落ちていました。

　圖東薗目という所は、今のように川沿いを行くことが、昔は出来なかったと思われるほど急峻な地形です。下田のすぐ下流は崖（砂岩）で、半分くり抜いたその下を通り、続いて下川橋の地峡を越え、次に「煮え淵」（花崗岩＝県天然記念物）という木曽の「寝覚床」を思わせる所の横を通ります。そこで地元の郷土史に詳しい人に聞いてみました。「昭和7年ころに川沿いの道が出来るまでは、下田から川角への下川橋の場所は難所であるために"ビタビタ橋"が架かっていた。ビタビタ橋というのは、洪水の時には水面下になり、流れた桁はワイヤーで繋いであるからまた引き戻し復旧するものです。だからこれは地区内の通路としてのみ使われ、もっぱら東薗目へは、砂岩の崖（こじき岩）の上を通って、小田敷峠を経てほぼ一直線に歩いた。」とのことです。＊地図4

榧18
設楽町長江の榧　字天堤の原田宅（H16・7・24訪）
　幹周り410cm（1968年町指定）

　屋敷の前の斜面の下方にあり、最近根が洗われてきました。樹勢は盛んです。天堤は雨堤から名付いた地名で、北方の山麓の家がある付近に雨が降ると池になる地形があったそうです。鳳来町愛郷にも雨堤という名前のついた城跡がありましたが、あそこにそんな池になるような地形があったでしょうか。息子さんは美術の先生で、東の柴石峠付近から出る柴の化石を見せてくれましたが、その化石の葉はまだ生々しさがあるものでした。そしてそれは雨に濡れると解けて消えてしまうそうです。

榧19
稲武町押山の榧　稲武町押山国界橋たもと（H16・7・6再訪）
　実測幹周り400cm

　国界橋を渡れば岐阜県上矢作町ですが、この木は矢作川の崖の上にあり、人が近づくと滑り落ちそうな所です。

椎17　東栄町　東薗目の椎

椎18　設楽町長江の椎

椎17　東栄町　東薗目の椎　遠景

椎19　稲武町押山の椎

榧20
東加茂郡下山村梶の榧　(H15・2訪)
実測幹周り400cm

県道菅沼東大沼線から少し北方へ入った家の横の藪の中にあり、目立たない存在です。実は少し成るようです。

榧21
設楽町田内（たない）の榧　(H15・8・16再訪) 林宅
幹周り385cm（町指定）

大変素性の良い木です。昔、将棋の大山名人が見てほしがったと言われる木です。旧国道沿いの山側にあります。

榧22
鳳来町長篠の榧　鳳来町長篠 (H15・12・28訪)
実測幹周り385cm

実は成ります。旧道沿いの公民館のそばで、民家の庇に食い込むようになっていて、剪定も絶え間なくされています。

榧23
作手村高松の榧　字下小林の杉浦宅 (H14・11訪)
実測幹周り380cm、推定樹齢400年

屋敷の南東角にあり、モクが沢山浮き出ていていかにも樹齢の古さを感じさせるる木です。雌株といわれるから実が成るのでしょう。空洞になっているようです。

この木から北方へ坂道を登った所の木は、上小林の峰田さん宅の榧で、実測幹周り330cmの雄株です。（NO33で後述）

さらに坂を登ると、鴨ヶ谷手洗所の村道交差点下に菊地さん旧宅があり、実測幹周り280cmの雄株があります。このそばには岩神と示された立岩もあります。

榧24
設楽町和市の榧　(H14・11訪)
実測幹周り380cm

字笠井という所で、国道473号沿いの堤石トンネルの西方の森宅にあり、トンネルが出来る前の旧道はこの少し東から山を越えていました。実は沢山成ります。

遠景

榧20　東加茂郡下山村　梶の榧

榧21　設楽町田内　林宅の榧

榧22　鳳来町　長篠の榧

榧23　作手村　高松の榧

榧25
設楽町豊邦の榧 (H15・2訪) 小川宅裏

実測幹周り380cm

　大字豊邦でも字桑平地区であり、旧道と現国道420号が最も離れている付近です。この榧の木付近から坂を登っていくとまた榧（NO14）とモミジの巨木のある集落があります。この榧は根元近くで枝分かれしています。

榧26
設楽町田峯の榧 (H15・2・15訪) 山村宅

実測幹周り320cm、推定樹齢450年

　山村宅の表にあり、東側は鳳来寺山から鞍掛山まで大変眺めの良い所です。筆者の見たところでは、この木は枝ぶりと幹に空洞がなくモクも少ないことなどから、隣りの加藤さん宅の木（前記No.6）より若いと思います。そしてこの木の根元は、前の石垣を積む時に約2m埋めたそうですから、実際の幹周りは370cmくらいあるでしょう。このお宅も木が南側にあるので、夏は涼しいが冬は日陰になって困るといってみえました。また昔はこの木のそばに馬がいて、皮をかじっていたそうですが、今は傷跡もなく復元しています。

　山村さんは今9代目にあたるそうです。

榧27
下山村羽布の榧
（は ぶ）
(H15・1訪)

実測幹周り356cm（村指定）

　原田宅の裏にあり、実が1年おきに成るので、小鳥やリスが運び、鼠は蔵の中へ運ぶそうです。羽布ダムの下流の県道から少し北へ登った所です。木の後ろの切り通しから水が流れ落ちています。

榧の根元に石仏

榧28
足助町新盛の榧 (H15・3訪)
（しんもり）

実測幹周り352cm

　足助の町から国道153号の坂道を登って行く途中、左側に見えます。

椹24　設楽町　和市の椹

椹25　設楽町豊邦　小川宅裏の椹

椹26　設楽町　田峯の椹　右奥に鞍掛山が見える

榧29
大福寺跡の榧　田原市野田（H16・10訪）

実測幹周り350cm

　ここは野田地区でも「雲明(くんみょう)」と言われる所です。伊良湖へ行くバスに乗って行けば、「仁崎口」というバス停で降りた北側です。「進雄(すさのお)神社」と「秋葉さん」の東側は広場になっていて、ここに大福寺があったのでしょう。この広場の南側に榧の木と、クロガネモチ（幹周り300cm）と思われる巨木があります。

　渥美半島に榧があるとは知りませんでしたが、これも環境省のデータ（幹周り320cm）を見て出かけました。樹高12mとされ、かなり古い時代にカミナリが落ちたのでしょう。幹の北側を見ると縦に割れ目があり、中をよく見ると黒く焦げた跡があります。実が成ります。

　囲雲明と言う地名は、「公文名(くもんみょう)」からきたものであり、11世紀の頃、荘園の事務を取り扱った公文所があったようです。過去にこの地から大量の古銭も出土しており、「名(みょう)」とは領主が責任を持って税を納める領地の範囲のことといわれます。（野田史より）　＊地図7

榧30
東陽小学校の榧　鳳来町大野（H14・10・15訪）

実測幹周り340cm

　小学校の校庭の西にあり、空洞になっていて古木のようです。昔は「永明庵」という寺の境内であったそうです。かつて、ここを秋葉街道が通っていました。ここから西方は宇連川を渡って鳳来寺へ、東方は通称「首つり峠」を経て睦平から巣山・熊を通って秋葉山へ向かったものです。

榧31
鳳来町中島（湯島）の榧　（H14・12訪）

実測根周り350cm

　地上すぐ二股に分かれていますが、樹勢盛んな木です。県道沿いの民家の裏にあり、根元は崖になっていて危険です。

　囲この辺りの寒狭川の島原橋から、左右の岸ともほぼ真っ直ぐ行く鳳来寺（秋葉）道が山の中に残っています。西は愛郷(あいごう)（島田）へ、東は山中へ行く近道です。

榧32
鳳来町愛郷（中島田）の榧　（H14・1訪）筒井宅

実測幹周り330cm　　　　　　　　　　　　　　―写真は49ページ―

　榧No.2の項で説明しましたが、素性の良い木で、県道から民家の間に見えます。

榧28　足助町　新盛の榧

榧29　田原市　大福寺跡の榧

榧30　鳳来町　東陽小学校の榧

榧31　鳳来町　中島（湯島）の榧

榧33
作手村高松の榧　字上小林峰田宅入り口（H15・8・16訪）
実測幹周り330㎝

榧23から北へ坂を登ってみます。これは雄の木とされ、身が引き締まった感じのする木です。

榧34
足助町山の中立の榧（H15・5・3訪）
実測幹周り330㎝

大字山の中立は山の上にあって、現在7軒に減ってしまったそうです。昭和30年ころに道が広がったそうですが、それでもたどり着くには難儀な所です。この木は民家（屋号が「引地」）にありますが、公開されていません。

　山の中立には「秋葉街道」が通っていました。足助の町〜真弓山〜大城〜神越川徒渉〜山の中立〜下山村阿蔵〜鳳来寺〜秋葉山へ行っていたのです。また山の中立にある中之神社には、根回り8ｍの杉の切り株と、神社の後ろにかってのご神体と思われる岩があります。

榧35
作手村守儀の榧（H13・9訪）原田宅
もりよし

実測幹周り326㎝（H16・7・24再訪）

実が沢山成り、先回訪問した時にも落ちた実をヤマガラという小鳥が何度も運んで行きました。主人に聞くとヤマガラは泥の中へ埋めておいて、灰汁が抜けてから食べるのだ、と教えてくれました。その主人は榧の苗をプランターに残し、15年の8月に亡くなられたそうです。

　80才になられたというおばさんに聞くと、守儀は昔より20軒ほど減って、現在45軒ほどです。県道は10才の頃改修され、守儀から南方へうねった急坂の県道を登った峠は「勘蔵峠」という名前だそうです。作手村はどの方向から向かっても急峻な坂道を通らねば行けないので、「作手36地獄」という言葉があったのです。

榧36
設楽町小松の榧　設楽町小松（H16・7・24再訪）
実測幹周り325㎝　　　　　　　　　　　　　　—写真は51ページ—

大通寺下（中熊というバス停の前、東海自然歩道と交差する所）の県道の西側にあります。国道257号のヘアピンカーブから登ってくる町道との交点になります。付近に民家はなかったようです。

榧32　鳳来町　愛郷（中島田）の榧

榧33　作手村　高松の榧

榧34　足助町　山の中立の榧

榧35　作手村　守儀の榧

榧37
鳳来町黒沢の榧　荻野家

（H14・10訪）

実測幹周り320cm

　静岡県との境界に近く、黒沢田楽で有名な所です。このお宅の前にある榧は、実は成らないようです。お宅の東側にも細い榧があります。

　㊥黒沢は現在7軒で、この方々で田楽の伝統を続けてみえるわけです。田楽の催しの日は、昔からの山越えの道を他の集落から人々が歩いて来るそうです。

黒沢

榧38
豊田市大内町の榧（H16・12・23訪）

実測幹周り312cm、市名木

　ここは少し前まで「下河内（しもごうち）」と呼ばれた所で、国道301号から分かれて県道坂上大内線に入った神社の東になります。平松さんのおばさんは「この木は、屋敷を広げるために根元を埋めた。樹齢は350年くらいといわれる。葉は5月ころ入れ替わる。5年ほど前に実が大量に成って、その年につれあいが急に亡くなったので、今後豊作の時が恐い。この木の下の川を改修する時に、担当の人が榧の根を切らないように川筋を変更してくれた」といってみえました。実の食べ方をここでも聞いたら、今年の実を分けてくださいました。

　㊥天保7年（1836）の加茂一揆は、総勢12000人の大騒動でしたが、その首謀者はそこの神社の西側に家があったと聞いています。また参加者のそれぞれは、その後苗字を変えたといわれます。兎も角、この一揆は天保の改革の基になったそうです。

榧39
足助町新盛の榧（H15・3訪）　鈴木宅

実測幹周り280cm

　大変素性が良いので載せたいと思います。国道153号から旭町の役場の方へ県道を北進し、町道を左折して行くと町道の土手の上にあります。

椛36　設楽町　小松の椛

椛37　鳳来町　黒沢荻野家の椛

椛38　豊田市　大内町の椛

椛39　足助町新盛　鈴木宅の椛

その他の椥

　豊田市西広瀬の八剣社に目通り460cm（H15・2訪）といわれるものもありますが、根元から小枝が繁茂していて葉が肌を突くので計測できません。
　海部郡美和町の蓮華寺の椥は、平安時代に植えられたという記録がある県指定のものですが、現在の姿は、一旦朽ちてまた生えた「孫生（ひこばえ）」でしょう。（H14撮）。
　設楽町東納庫字社脇の国道257号から見える、大蔵寺の椥は幹周り290cmほどでした。実が沢山落ちていました。
　椥の木を調査に行くと、「我が家では椥の木は売らんぞ」といきなり言う人があり、警戒される場合があります。先祖からの遺言で大切にされているものが多いようです。従ってここでは、迷惑がかかるといけないのであまり詳しく説明していません。また、最初に説明したように椥は根元付近から枝分かれし易く、順番がうまくつけにくいものです。

その他の椥　海部郡美和町　蓮華寺の椥　（奥田勝夫氏撮影）

「山桃」 〈学名Myrica rubra〉

常緑のヤマモモ科で、暖地性の木です。
　山桃の実はおつな味で懐かしく、子供の頃に食べたことを思いだします。山の中ですぐに食べられる大きい実の代表で、熊野市二木島の祭りは山桃の歌から始まります。幹は通常、下方から枝分かれして素性が悪い木です。
　This tree bears sweet fruits, the author remembers eating many fruits of this tree.

山桃1
大久保神社の山桃　田原市大久保（H16・6訪）

実測幹周り590cm

　神社の裏山にあり、肌もつやつやして元気はつらつです。オオクボ（大窪）という所はその名のごとく三方を山に囲まれ、奥に地元民から拝まれていた天神岩と呼ばれる岩のある所です。隣りには長興寺という戸田氏の菩提寺があり、そこには次の「ホルトの木」の美形があったのですが、付近の開発のために枯れました。

「楠」 Camphor tree 〈学名Cinnamomum Camphora〉

　虫がつきにくいので長生きし、生命力旺盛なため早く太くなりますが、枝は風によりしばしば折れます。「樟脳」の原料となり、無煙火薬・フィルムなどの製造、防虫剤（ナフタリン）・防臭剤・医薬などに使われてきました。また彫刻・木魚などの材料として常用されます。楠は関東以南の暖地性で、漢字も南国から渡来してきたことを示しており、語源はニッキに似た香気があることから、「臭い」から名付いたそうです（広辞苑）。また別の説では、色々な漢方薬にも使われることで「クスシキ」から名付いたともいわれます。この木に薬の樟脳の成分が含まれるのは樹齢60年以上といわれ、60年経ってはじめて「樟の木」となるのだそうです。

　葉っぱは常緑樹と言えども1年の寿命で、春になると赤く色づき次々と落葉していきます。また、葉にはダニ部屋といって葉裏の葉脈にダニの入り得るコブがあるといわれます。

仏壇の右手前に木魚（自宅）

　This tree had been imported from southern countries. So, the Chinese characters of this tree's name mean southern tree. Because the tree is utilized for the material of camphor, many noxious insects are rampant on this tree, but these effects are necessary every 60 years.

楠1
「清田の大樟」 蒲郡市（H15・8・26再訪）

　　実測幹周り1210cm、根周り1140cm、樹高22m、推定樹齢1000年　（国天然記念物）

　写真のように根元の方が少し細くなっています。樹勢は良く、まだ空洞は見あたりません。明治初年まで付近に大楠が沢山あったそうですが，この木だけ残りました。大楠を伐った人には不幸が訪れたといわれます。近くの安楽寺の山号は楠林山だそうです。

　南からオレンジロードへ向かう道の西方のミカン畑の中にありますが、近くには良い車道はないので歩いていきます。

　この楠の根が周囲のミカン畑の下を這っていて栄養を取ってしまうので、この辺で採れたミカンは味が少し落ちるといわれます。

楠1　清田の大樟

楠2
八柱神社の樟 　豊田市畝部東町（川端）(H15・8再訪)
実測幹周り1210cm、推定樹齢1000年（県指定）

　この木のように根元が下ぶくれ状に盛り上がるのは楠の特徴です。弘法さんが植えたという伝説もありますが、実測したら850才だったという話もあります。現在このすぐ東を矢作川が流れていますが、昔のこの辺りは矢作川の乱流区域でした。すぐ南の天神橋下流から、河床低下により最近になって埋没林が河川全幅に現れ、現在の川は作られたものということが分かりました。天神橋上流右岸からは中世の井戸の跡も見つかっています。江戸時代初期まで、川端・上中島・中切・宗定の4地区は矢作川の中州だったそうです。またこの木の西方で井戸を掘っていたら、地下数10mから貝殻が出てきたという話もあり、この辺りの古代は海であったようです。

　確かなことは、この楠の場所は少なくとも約1000年間水中ではなかったということです。（八柱神社付近の地下は岩盤）　＊地図8

楠3
村上神社（八幡神社）の楠 　名古屋市南区楠町 (H16・6・23訪)
実測幹周り1170cm、推定樹齢1000年、（S62市指定）

　これも下ぶくれですが、ここでは現在の測定基準にもとづいてランク付けします。場所は笠寺観音から北西約500mの少し台地になった所で、神社は昭和54年（1979）にこの木の根を保護するために移転したようです。

　圏ここから東は天白川の氾濫原で、平安末から鎌倉時代は潮が満ちて来た所らしく、対岸の古鳴海から鎌倉街道の旅人はここへ舟で着いたそうです。従ってここに「桜田へたずなきわたるあゆちがた　しほひにけらしたずなきわたる」という高市黒人の歌碑があります。あゆち潟はこの辺りの広い範囲の浜辺の名前で、県名の基になりました。

楠4
日吉神社の楠 　新城市日吉（鳥原）(H16・7訪)
実測幹周り1050cm、推定樹齢1200年（市指定）

　大変古めかしい木で老化の度合いも進み、勢いがありません。西暦1838年の大火災で類焼したのだそうです。当社の元は南方の風切山にあり、社名も昔は山王大権現といわれました。　＊地図9

楠2　豊田市　八柱神社の樟（平成2年頃撮影）

楠3　名古屋市　村上神社（八幡神社）の楠

楠4　新城市　日吉神社の楠

楠5
松原緑地の「くすのきさん」 名古屋市中区 （H16・9訪）

実測幹周り1020cm

大須の西、水主町（かこまち）交差点の東の「日置橋」東岸にあたります。

この木は区画整理の事業により、伐採寸前の状態になりましたが、地元の方々の願いが実り、残されることになりました。現在は松原緑地という公園であり、この行政措置は文化的に高く評価されるはずです。この公園は高い柵がしてあり、鍵は土木事務所にあります。

根元には「雲龍神社」がありましたが、区画整理を遂行しようとして移転され石段のみ残っています。木の中身は、古木なので腐っていたと思われ、そこへもってきて戦災に遭い、焼けてありません。

幹周りは、全体では1230cmありますが、根元から枝が2本出ていますので、これを除いて測った寸法が表記の数字です。　＊地図10

楠6
「大田の大樟」 東海市大田（おおた）

（H16・6訪）実測幹周り974cm

一般には幹周り950cmとされます（環境省調査資料他）。現地へ行ってみますと、大田川の北に大宮神社があり、参道を進むと正面にこの木があります。その説明板には幹周り10mとあります。根元の中央が空洞で、その中に木製の祠があり「楠王大龍神」が祀られています。

名鉄電車から見える所で低い湿地にあり、この辺りは地図によると川北新田という地名ですから、付近は干拓地ということでしょう。

楠7
寺野の楠 額田町大字夏山字ソラ （H16・5・26訪）

実測幹周り945cm（県指定）

寺野地区にあるこの木の看板には1200cm・樹高36m・推定樹齢1000年・県下3番目の楠の巨木ということになっています。もしも枝下部分の重量からランク付ける方法があればナンバー1になりそうです。県道から見ると雄大な巨木で、薬師堂裏の急斜面にあります。数年前からヘボ（蜂の一種）の巣があって近寄りにくい状況です。またこの木から西方へ切越まで、山道を行くとすぐ近くです。

＊地図11

楠5　名古屋市　「くすのきさん」

楠6　東海市　大田の大樟

楠7　額田町　寺野の楠

楠8　御津町　御津神社の楠（次ページ参照）

楠8
御津神社の楠　御津町（H16・8訪）―写真は前ページ―
　　実測幹周り940cm

　愛知県を代表する御津神社の船形石積の奥にあり、樹勢はまだ盛んです。
　囲御津神社は南東を向き、この楠の西隣りに「船津神社」、本殿近くに摂社磯宮神社を擁しています。神社の北から南へ流れる御津川には字船津という所に「船津橋」が架かり、またその北方には船とゆかり深い「御舳玉」神社もあります。御津神社はその名が示すように古代の港の近くで、三河の国府もその北東にあり、そこからの租税である米などを奈良の都へ運んだ所であると筆者は確信しています。船形の石積みのあるのもそういう表れであろうし、三河国が米をただ一国のみ、海上を船で納めた国と言う記録があります。三河は米の少ない志摩の国の米も代わって納めたそうです。

楠9
八幡宮の楠　豊川市八幡（H16・6・13訪）
　　実測幹周り940cm

　これは幹が折れたので指定が解除されたといわれます。訪問して見ると確かに主根は枯れ、根元の内側は空洞で焦げた跡がありますので、雷が落ちて空洞部が燃えたようです。しかし、周囲の肌は写真のように生きていてまだまだ健在です。
　ここの八幡宮は、本殿が室町時代の文明9年（1477）に出来た国重文で、数多くの摂社末社があり、県下でも有数の立派な神社です。すぐ裏が三河国の国分寺跡であり、そこから南方の政庁の方に向かって奈良時代の幅19mの道路が数年前に発見されました。

楠10
玉林寺の楠　豊川市麻生田町（H16・5・19訪）
　　実測幹周り900cm

　写真のように根元に瘤はなく、枝下も長く、正当派の楠です。ここは豊川インターから東の田園地帯になりますが、樹齢600年といわれますので、その間ここには豊川は流れていなかったということでしょう。＊地図18

楠11
西八幡社の楠　平和町東城（H16・6再訪）
　　実測幹周り885cm（町指定）

　この木も写真のように下膨れでこぶ状になっており樹齢も若い感じです。一般には幹周り960cmとされます。
　囲1回目にここを訪れた理由はそこにある石を見るためでした。上面が平坦

楠9　豊川市　八幡宮の楠

楠11　平和町　東城の楠

楠10　豊川市　玉林寺の楠

な砂岩は推定重量1トン半ほどのもので、土中から掘り出されたものの一つだそうです。なぜ上が平坦なのかわかりませんが、この石の産地は揖斐川から古代に運ばれたものと思われます。

楠12
神宮会館裏の楠　熱田神宮（H16・6訪）
　幹周り875cm

　一般には入ることは出来ない所にあり、会館の中からガラス越しに見せて戴きました。太さが分かりませんので神宮の樹木の責任者に尋ねてみました。雰囲気からもこの数字は信用したいと思いました。一方参道の方にある御神木はやはり楠で、幹周り760cmということです。これも実測は出来ません。また神楽殿の東から奥に入った御田神社付近の楠の大木は実測幹周り790cmで、傍に楠と思われる目測で幹周り7mほどの枯れ木の残骸がありました。その奥に有名な神社に定番の清水の出る所があります。

楠13
観音寺の楠　御津町上佐脇（みとかみさわき）（H15・7訪）
　実測幹周り870cm

　ここにある墓にお参りのおばさんの話では、枝が台風で折れ付近の民家に被害が重なるから切り始めたところ、ここを住みかにしていた沢山のカラスが大騒ぎ（反対）したそうです。この木は西暦1080年頃植えられ、その後幹の中心部が雷により燃え、はては白蛇が現れたので白蛇不動明王の石祠を根元の洞の中に祀ったのだそうです。

楠14
薬師寺の楠　弥富町鯏浦（うぐいうら）（H16・8訪）
　実測幹周り850cm（昭和51年町指定）

　※この地域は昔浜辺でしたので「磯部の楠」といわれたそうです（名古屋タイムズの記事）。その後は付近に旧家が多く、道が狭くて曲がっていることから輪中であったようです。それからここには鯏浦城跡があり、信長の弟の信興がいました。信興が立田村で服部党の一向門徒に殺されたため、信長はその門徒一族をことごとく焼き尽くしたそうです。

楠15
関川神社の楠　宝飯郡音羽町赤坂（ほいおとわ）（H16・9・19訪）
　実測幹周り820cm、推定樹齢800年、樹高26m（昭和56年町指定）
　　　　　　　　　　　　　　　　　　—写真は65ページ—
　現地の説明板には町指定時の太さであろうと思われる729cmが示してあり、

楠12　熱田神宮会館裏の楠

楠13　御津町　観音寺の楠

楠14　弥富町　薬師寺の楠

1991年環境省のデータにある幹周りは790cmです。
　さらに現地の説明板には、1609年にあった付近の大火により根元に焦げた跡があるとされ、そのつもりで見ると確かに一部分黒く焦げた部分が確認出来ます。炭は弥生時代の火事の跡でも残っていて、長い間消えないのです。
　狭い境内には幹周り330cmの榎があり、「夏の月　御油よりいでて赤坂や」という芭蕉の句碑もあります。ここを通る東海道の宿場である、御油と赤坂は1kmほどの近さです。　＊地図12

楠16
海鳴山栖光院の楠　知多市寺本（H16・7訪）
実測幹周り797cm

　空洞もなく樹勢は旺盛で枝振りも立派です。新四国80番札所だから弘法さんを祀っています。弘法堂は一段と高い東向きで、この山の後ろはかつて海鳴りがしていたのでしょう（今は埋め立てられ工場地帯）。この木にはムク鳥・カラス・フクロウが寄りつくそうです。

楠17
新田白山神社の楠　岡崎市康生町（H16・6訪）
実測幹周り790cm、推定樹齢600年

　東海道27曲がりの沿線だったそうです。毎年6月30日に、この木の前にある小さな石鳥居を潜る行事があります。これは家康が25才の時に潜ったら水疱瘡が治ったということで続いている行事だそうです。　＊地図13

楠18
日吉神社の楠　小牧市小木（H16・10訪）
実測幹周り783cm、高さ約22m、推定樹齢500年

　うなぎの寝床のように細長い境内は、東を向いていて、楠は最も西の奥にあります。楠は西側が割れたような空洞があります。
　🈩ここは、戦国時代まで木曽川が三つに分流していた一の枝支線の東側段丘上にあります。またこの段丘上には、古墳とか神社や寺が沢山あり、北方の宇都宮神社は形式の古い竪穴古墳があることで有名です。

楠19
若宮八幡の楠　豊田市若宮町（H16・6訪）
実測幹周り780cm　　　　　　　　　　　　　　　—写真は67ページ—

　名鉄豊田市駅の北西すぐ近くで、樹勢良しです。この八幡さんの祭神は天照大神・神功皇后・応神天皇・武内宿祢となっています。この木の南には龍神さんと津島社が祀られています。またこの木にまつわる伝説として、楠木正成が朱（水

楠15　音羽町　関川神社の楠

楠16　知多市　栖光院の楠

楠17　岡崎市　新田白山神社の楠

楠18　小牧市　小木の楠

銀の原料にもなる）の商売をしている頃ここへ立ち寄ったという話があります。

その他の楠

　環境省の調査によれば、**東海市加家にある観音寺の楠**は県下5番目の楠とされていて、幹周り960cmと発表されています。しかし16年6月5日に現地へ行って実測してみますと幹周りは750cmしかなく、空洞もないまだ若い感じです。これはどういうことでしょう。住職に伺うと、この寺は戦災に遭い全焼したため、昭和30年に改築された際に、寺の前面を埋め立て楠の根元も埋め立てたそうです。従って埋め立てる前の根回りは960cmくらいあったかもしれません。推定樹齢は700年という説もありますが、最近樹木を調べている人が300年くらいではないかと推定したそうです。(H16・6訪)

　麗この寺の特徴は、鎌倉時代の聖観音を有して新四国86番の霊場とされ、今でも巡礼客が来ます。また細井平州が8～10才（1737年）までここの寺子屋で学んだそうです。ここは崖の上の高台にあって西方の見晴らしが良く、伊勢湾の向こうには鈴鹿連峰が見え、手前には埋め立て地に新日鉄を始めとする工場が建ち並んでいます。しかし、この崖は粘土から成るもので、長時間の大雨が降ると恐いところです。

　困ったことが起きましたので、その他の番外として紹介します。**蒲郡市西浦駅の北側にある無量寺の楠**は、東側が腐って西側が残るという半欠けの状態です。そのまま測ると説明板の幹周り810cmありません。それで欠けている東側の根元をよく見ると、枯れた幹が一部分残っていますのでこれを取り込んで測ると855cmでした。数年後には枯れた幹の残骸は無くなり、太さは極端に小さくなるはずです。この寺はガン封じの寺で、平日でもお参り客があるというから出店が並んでいます。(H16・6訪)

　続いて**豊田市社町（寺部町の隣り）の八幡宮の楠**も問題です。何気なしに幹周り800cmと測ったのですが、よく見ると写真のように芯が腐り、その中からひこばえが生えているのを取り込んで測っていました。ひこばえを除いて測ると730cmでした。どちらの寸法を採用すべきでしょうか。(H16・7訪)

　楠の大木はまだまだありますがこの辺で終わりにします。

楠19　豊田市　若宮町の楠

その他の楠　豊田市　社町の楠

その他の楠　蒲郡市西浦　無量寺の楠

「欅」けやき

Zelkova tree 〈学名Zelkova　serrata〉

　欅の語源としては、枝が雄大に空へ伸び、木目が鮮やかなことから「けやけき」（特にきわだつ、素晴らしいの意）、というコトバからきたそうです。そして古代には「槻（つき）の木」といわれ神聖な木とされたそうです。木質は堅いので、チエンソーで切る際に煙が出ることがあります。また弾力性もあるので、住宅の大黒柱、寺院の建築、橋材などにも使われました。江戸期の東海道一の矢作橋は、部材が全て欅の時代もありました。橋桁や橋脚は太いものが使われ、その架け替え時の残骸で山門や臼が作られ、今でもそれらが残っています。乾燥するまでは一寸嫌な匂いを放つ欠点がありますが、古木の年輪は鮮やかなので、銘木として床板（とこいた）などに好まれます。

　欅といえば、昭和46年井上靖著「欅の木」を思い出します。東京には沢山の欅があり、「欅の大木は伐らないほうがよい」という内容の随筆を新聞に書いたら大変な反響があって、都内各地の欅を愛好者に案内された話から始まっています。近年は欅に限らず林が削られ、人間と自然の調和が崩れつつあります。従来自然に守られていた人間は、心根が優しいものでした。人間の知能が自然に対する謙虚さを忘れ、傲慢になったとき、人類は自らの文明を滅ぼすことになりはしないでしょうか、というような内容でした。

　The tree is in contrast with the others, so the meaning of the Japanese name relects that. Because the grain of the timber is very beautiful and very strong, this tree has been utilized for expensive alcoves and the main frame in Japanese buildings.

欅1
砥鹿神社東側の欅
宝飯郡一宮町（H15・5訪）

　　実測根周り870cm（県指定）

　神社の由緒書きによれば、樹齢約500年・樹高約46m、「みたらい欅」と呼ばれるそうです。この木は根元近くで2本に分かれ、各々の周りは510cm・450cmと実測しました。そこで、この2本の枝の断面積の合計から計算した周囲は690cmとなり、これが幹周りと考えてもよいのではないでしょうか。

欅の姿（名古屋城入口の街路樹）

欅1 砥鹿神社東側の欅

欅2
瓶井(かめい)神社の欅　岡崎市保母町（H15・4・6訪）
実測幹周り640cm

　2本の欅が合体（癒着）したようにも見えます。昭和47年（1972）市指定の看板による目通りは605cmなので、その後少し太くなったのでしょうか。
＊地図34

欅3
池野神社の欅　鳳来町池場（H15冬訪）
実測幹周り624cm

　現地の看板には、昭和46年（1971）に町指定となり、目通り680cmとあります。

　この木は、根元からしばらく枝が無い素性の良い木で、空洞もないようです。

　㊟ここの池は「竜ヶ池」と呼ばれ、国道151号の峠にあり、その地下を飯田線と佐久間導水トンネルが通って以来、池の水を水道水で補っているそうです。

　環境省の調査によれば、県内の欅の巨木は①池場②瓶井神社③作手村田代となっていますが、作手の欅は平成13年に伐採されたそうです。　＊地図4

欅4
八柱神社の欅　藤岡町御作(みつくり)（H16・7訪）
実測幹周り505cm、推定樹齢420年（昭和49年町指定）

　苔やシダ類が宿り古めかしい感じです。この神社は犬伏川のヘアピンカーブの内側にあり、昭和47年の大水害で冠水しています。その後にもう1本あった欅が伐採されました。境内には200才と示された高さ49m・幹周り370cmとされる杉があります。

欅5
豊田市坂上(さかうえ)町の欅（H15・8訪）
実測幹周り490cm

　背の高さ付近から細かい枝分かれになっています。以前はこのお宅の前にも太い欅がありましたが、家の改築で取り除かれました。樹齢450年の過去帳があるそうです。このお宅は家の裏にも3本の欅の大木があり、太いものは幹周り360cmで、大変素性がよく勢いがあります。

欅2　岡崎市　瓶井（かめい）神社の欅　　欅3　鳳来町　池野神社の欅

欅5　豊田市　坂上町の欅

欅4　藤岡町　八柱神社の欅

その他の欅

　豊橋公園の博物館の南には、吉田城の土塁の上に実測幹周り465㎝の傾いた欅があります。

　熱田神宮の佐久間灯籠の東側近くの欅は地上１m30付近の幹周りは585㎝ありますが、根上り状態なので根から１m30付近で測ると450㎝ほどになります。根上がりの場合はこれが本来の太さということになるそうです。（H16・7訪）

その他の欅　熱田神宮の欅

「鹿子の木」 Kagonoki 〈学名Actinodaphne lancifolia〉

　設楽町田峯の田峯観音の参道最下段に変わった木が生えています。、この木の名前を地元の人に聞くと、ある学者が見られて「子鹿紋の木」と教えてくれたそうです。なるほど、木の肌は本当に子鹿の背中のような模様です。そこで樹木の本を見た結果、楠科の常緑で「鹿子（かご）の木」となっていました。この樹種も渥美半島大山にもあるように海岸に多い暖地性の木といわれます。皮がはがれるので蛇が登れない木だそうです。

　The skin of this tree bears a close parallel to the skin of deer's back.

鹿子の木1
田峰観音の鹿子の木 設楽町田峯（H15・10訪）

実測幹周り370㎝

　この木はまた写真のように枝が繋がり、「連理」になっていて珍しいものです。これは北限に近い木だといわれます。

＊地図27

「銀杏」 Ginkgo 〈学名Ginkgo biloba〉

　公孫樹とも書きます。公は祖父の尊称で、祖父が植えてからその実が成るのは孫の代になるからといわれます。2億年前からの生きた化石といわれ、中国原産です。「ぎんなん」はその実のことです。
　「イチョウ」と呼ばれるのは、その葉と鴨の足が似ている形なので、中国語の「鴨脚（ヤーチャオ）」からだそうです。老木になると乳房状の突起が垂れ下がることがあり、銀杏の実は喘息や頻尿などに効き目があるそうです。俗説では、葉を使った「ぎんなん茶」がヨーロッパではガンの薬として貴重なものだそうです。幹は碁盤にも適し、木全体では葉が厚いので防火の役目もするそうです。また落葉樹でもあるので、街路樹としてよく使われます。

The tree has been living on earth since two hundred millions years ago. The nuts of this tree are well known food and a natural material used in medicine. In Europe, leaf teas of these trees are drank as a substitute. On the other hand, the tree is very beautiful in Autumn, As a result of this tree is often planted along side roads.

銀杏1
鳳来町能登瀬の銀杏　鳳来町能登瀬（H15・12・28訪）

実測幹周り約660cm（無指定）
　一般的には目通り650cmといわれていますが、江戸期に落雷に会い、形がくずれました。元諏訪神社の境内にあり、西暦1112年に伊豆三島から持ってきた種で育ったとされます。

銀杏2
時瀬神社の銀杏　東加茂郡旭町大字時瀬（H16・8再訪）

実測幹周り658cm、推定樹齢300年（昭和44年県指定）　　—写真は77ページ—
　矢作川沿いの東岸で崖の上にあり、時瀬神社の境内になります。雄株のため実は成りませんが、乳頭は母乳がよく出るようにと、まじないのために使われたそうです。枝は刈り込んであります。今まで幹周り610cmとされてきました。写真の手に持つ木は根元に割り込んで生えているムクロジの木で、実が羽付きに使われた木です。　＊地図14

銀杏1　鳳来町　能登瀬の銀杏（国道151号沿い）

銀杏3
大野瀬神社の銀杏　北設楽郡稲武町（H16・9・18訪）
実測幹周り560cm（昭和58年町指定）

　町指定時の幹周りは525cmだったそうですから、その後これだけ太くなったことになります。計算すると、その間の年輪の幅は2mm半ほどになります。訪ねた日は実がポトポト落ちていました。

　大野瀬神社は大野瀬でも矢作川下流の字梨野にあり、9軒だけ他地区から離れた集落です。集落へ行くには矢作川沿いの県道から林道梨野線を登って行きます。林道を入って行って民家があるかと不安になるほどでした。＊地図15

銀杏4
津島神社境内の銀杏　津島市（H16・8訪）
実測幹周り550cm、推定樹齢600年

　この木は東門の内側にあるもので、なんとなく気付かずに通り過ぎてしまいますが、乳頭が1m位垂れていて幹周りを実測すると存外太い木です。樹高は低く枝振りも地味な姿です。

銀杏5
名古屋城入り口の銀杏　名古屋市（H16・9訪）
実測幹周り550cm

　環境省の報告書によれば、名古屋市のどこかに幹周り500cmの銀杏があることになっています。それがどこか、市役所に聞きますと名古屋城の入り口にあるというので、その入り口でタクシーの運転手に聞くとそんな木は知らないと言われました。ウロウロ歩き回ってから、再度市役所に訪ねると東海農政局の裏の木だということがわかりました。南から見たところ、根元から小枝が一杯出ていてさして太く見えません。しかし、根元の北東側を見ると存外太く見えるので、測ってみますと前記の寸法があります。筆者の実測は負ばれたように見える子まで含めました。樹高は30m弱ありそうですが、樹齢は若そうです。

＊地図16

銀杏6
津島神社の銀杏　津島市（H16・7再訪）　—写真は79ページ—
実測幹周り540cm、樹高30m、推定樹齢400年（昭和43年県指定）

　津島神社の東側鳥居の外側にあるもので、現在根上がりの状態です。現在の地面から胸の高さ辺りを測れば585cmあります。ここはかつての天王川（木曽川の分流であったが天明5年に廃川された）西側堤防上にあたるといわれます。姿は大きく雄大なものですからよく目立ちます。雄株とされるものです。

銀杏2　旭町　時瀬神社（平成2年頃撮影）

銀杏3　稲武町　大野瀬神社

銀杏4　津島神社

銀杏5　名古屋城入口

銀杏7
観音堂の銀杏　旭町大字伯母沢（H15・8訪）
　　　実測幹周り540cm、樹高は35m
　町資料では幹周り525cmであり、妙儀神社へ行く坂道の途中の観音堂にあるものです。まだまだ樹勢は盛んで大きな実が成ります。　　＊地図3

銀杏8
大明神社の銀杏　尾西市起（おこし）（H16・8再訪）
　　　実測幹周り540cm（昭和38年県指定）
　従来の資料では幹周り490cmとなっていますが、その後少し太くなったのでしょうか。ここは「宮河戸」といわれ、湧水があり、美濃街道の木曽川を渡る3カ所のうちの1カ所であったそうです。

銀杏9
教聖寺の銀杏　西加茂郡小原村（H16・9・18訪）
　　　実測幹周り530cm（村指定）
　大字大倉の真宗権守山「教聖寺」の境内にあり、樹高は30mほどあるように見えました。コブが北側に沢山ありますが、幹周りを測るときはコブをはずして測りました。実は見あたりません。境内にはこの他菩提樹の古木（村指定）がありますが、この木は葉と実が別々です。（蒲郡市相楽町の御堂山にある観音堂の菩提樹は、実が葉にくっついている）

銀杏9　小原村　教聖寺の銀杏

銀杏6　津島神社　鳥居の外

銀杏7　旭町　観音堂の銀杏
「嫁さん木を見とって！」

銀杏8　尾西市　大明神社の銀杏

銀杏10
太平寺の銀杏　豊橋市老津町（おいつ）（H16・5訪）

実測幹周り458cm

これは樹勢がよく、枝下も長く、乳頭が沢山垂れ下がっています。

その他の銀杏

蟹江町舟入　舟入神明社の銀杏

実測幹周り485cm（H16・9訪）

ここは国道1号南地区の蟹江川左岸にあたります。根元は細くそして胸の高さから上は枝分かれして末広がりの形です。上方の枝は切り落としてあり、敷地が狭いので根も伸びる余地がなく、葉の勢いが無く近々枯れそうです。

名古屋市大須　聖運寺の銀杏　（H・16・9訪）

実測幹周り450cm（市名木）

市の保存樹一覧表にありましたので、大須1丁目の聖運寺裏のもの（一般公開してない）も見てきました。樹齢320年位とされ、戦災で根元の樹皮の一部が焦げています。

豊田市中垣内（なかがいと）　市杵島神社の銀杏〈巻頭の写真参照〉

実測幹周り432cm（H16・5訪）　シダが宿っています。

㊞ここは旧足助街道沿いで、豊田市と岡崎市の境となる郡界川がすぐ南を流れている所です。戦国時代には郡界川のことを円川（つぶらがわ）と言い、この付近で松平信光と大給城の長坂新左衛門が「円川の戦い」を繰り広げ、信光が打ち破った後松平氏が台頭した所です。

豊橋市船渡町（ふなと）　龍源院の「お葉付き公孫樹」（H15・1訪）

実測幹周り420cm、高さ20m（昭和30年県指定）

お葉付き公孫樹というのは、実が葉にくっついて成るものがあるという珍しいものです。これにも乳房状の突起が見られます。この木は旧田原街道から見えますが、当寺は江戸期の中島氏居城の跡とされます。また江戸期には、吉田（豊橋）港の他、当地の港からも多くの人達が船で伊勢参りに出掛けました。

この程度の規模の銀杏はまだまだ他にも沢山あるようです。

その他の銀杏　蟹江町　舟入神明社

銀杏10　豊橋市　太平寺の銀杏

その他の銀杏　豊橋市船渡町

「栃」(とち) Horse chestnut 〈学名Aesculus turbinata〉

　栃（とち）の木は、木鉢（ソバの粉を練るこね鉢）・盆・茶びつなどのくり物として、また厚板は家の床板・小縁・かまちなどに使われます。実が古来より食用にされ、東栄町や豊根・富山村方面に大木が多いようです。

　愛知県の最も北東の端にある富山村では「村の木」になっています。それほど栃の木が多く、昔からこの木に依存してきた名残でしょうか。村には栃餅が絶えずあると聞いたので、取り寄せて食べましたが、粘りは少なくてもおいしく感じました。

　栃の多くは屋敷には少なく、山の奥にあり、川から流れてくる実を拾って食用にしていたという話もあり、そうであれば丁度灰汁が抜けて好都合と思われます。いずれにしても周囲の杉桧は何回も伐採して細いのに、栃だけは長い年月切らずに残された感じです。用材にした場合、杉・桧などを除く雑木（欅・松・栃など）は、乾燥中にヒビが入りやすく、半乾きのものより乾燥材の値段は十倍位高いそうです。

　岐阜県徳山村へ民俗調査に行った折り、栃の立木から幹を半分切り取り、木鉢などのくり物に使っていたと聞きました。この話から、島崎藤村の「夜明け前」に書かれた「背伐り（せぎり）」を思いだします。背伐りというのは、木曽の尾張藩御料林の留山・巣山へ入り込み、杉・桧の立木から幹を半分切り取ったあと木の皮を被せておく泥棒の所作で、見つかれば重罪になる行為でした。

　栃の実を食用とするには、原始時代から現代まで灰汁抜きをしてから使われ、栃餅として餅米の不足を補ってきました。「あく抜き」の方法は、実を水にさらして灰汁で煮るのだそうです。栃の実が成るまで、植えてから50年もかかるとされ、静岡県水窪（みさくぼ）町の栃生川（水窪川）では、

栃の実

この川から流れて来る栃の実が下流住民の大切な食料源であったそうです。栗によく似たこの実は保存が何年でも効くそうです。フランスのマロニエは栃の木の一種です。

> These trees are growing wild in deep places in the mountains. A long time ago, Japanese people had picked up the nuts of these trees from rivers, and used them for cooking materials. The nuts fall in those deep places in the mountains and flowed down the river. However, it is necessary for this tree to be more than 50 years in order for it to bear well.

栃1　富山村　大沼の栃

栃1
大沼の栃 　北設楽郡富山(とみやま)村（H16・7・24訪）　—写真は前ページ—
実測幹周り810㎝（無指定）〈全国4番目の栃〉

　霧石トンネルを越えて、県道がヘアピンに曲がった向かいの上方にあり、縄文杉を思わせるとてつもなく大きな凸凹肌の木です。環境省の報告書にある幹周り500㎝とは大きな誤差があります。県道から100mくらい高い所の杉桧林の中に葉を広げていて、今まで詳しい記録は発表されてない木です。現在東京在住の地主もこの巨木はご存じなかったそうです。この木は、筆者が調査をほぼ終えたころ（株）設楽測量の加藤さんに教えて戴いて出かけたものです。富山村の人に聞くと、昔の地主はこの木に剣の形をしたものを奉納したそうです。それは根元の暗く奥深い穴らしいのですが、下手に覗くと熊がいるかもしれません。付近に熊出没の看板がありますし、現に平成7年頃、筆者が辞職峠を訪れた時には熊に出会いました。辞職峠は昭和48年に霧石トンネルが出来る前の約6km南の旧峠でした。

　こんな巨木があるのなら、富山村にはまだ他に大木があるのでしょう。

　麗また霧石トンネル付近にはこんな話もあります。この新道を県が建設するときに、「大切な木を伐らないようにしてくれ」と持ち主の東海テレビ放送から頼まれたそうです。その木は「赤子の欅」というものらしいのですが、そこへ子供の間引きをするために捨て子があったといわれます。樹齢100年余と思われるその欅は、トンネルを南側へ出て初めの右カーブの外側に、県道に覆い被さるようにあります。（右ページ中段の写真）

栃2
井戸川の栃 　富山村（H16・12・2訪）
実測幹周り650㎝

　先回9月に探しましたが、見つからなかった木です。改めて設楽測量の加藤さんに聞くと、林道の終点から谷を標高差200mほど降りれば必ずあるといわれます。すごく険しい谷なので家を出るときに、この本の編集までの手順についての遺書を書いておくほど、決死の気持ちでした。この木は川上村長もご存じないそうです。

　現地へ行くには、家を7時半に出て11時に着きました。片道120kmでしたが、道中は丁度紅葉が真っ盛りでした。富山に着くと、運良く田辺光守さん（大正14年生まれ）という昔森林組合にいた人に出会いました。その人の話では、この川は下流の湯の島温泉からは険しくて登れなく、林道手沢線を2〜300mほど登り（実際は1600m）、そこから谷底へ100mほど降りるのだそうです。それらしい所から道なき急斜面を無理やり降りると、対岸の山頂の林が伐採され、山肌が大きく崩壊した下流に砂防堰堤のある所にそれと思われる大木がありまし

栃1　杉桧林の上方に見える大沼の栃

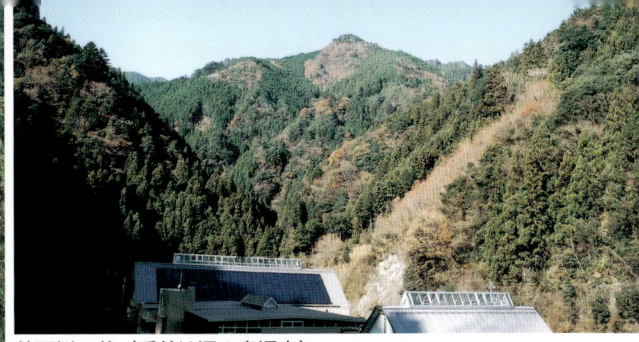

井戸川の谷（手前は湯の島温泉）

赤子の欅

対岸の栃に群生する木々

栃2　富山村　井戸川の栃（杖の長さは1.1m）

た。付近には 4 本ほど栃の大木がありますが、最大のこの木の樹齢を田辺さんに聞くと「400～500年くらいかなあ」といわれました。堰堤の上流の栃は幹周り360cmですが、樅・楓・ミズなら・椿と共に群生しています。この姿は秋田県田沢湖畔にある群生林と同じく、大木に寄り添って各種の木が育つ現象です。

　この林道の帰り道の中程の右カーブの下側にも、幹周り390cmの栃がありました。

栃3
東栄町振草字小林の栃　(H16・7・24再訪) 片桐氏所有
実測幹周り580cm、推定樹齢400年

　樹勢は盛んで、旧秋葉街道の柴石峠へ向かう途中の谷底にあっても、梢は他の木の上まで伸びています。(無指定)

　㊟柴石峠は柴(植物の葉)の化石があるからこんな名前になったそうです。また片桐宅は村の一番高い所であっても酒の醸造元だったそうですが、現当主は岡崎へ出てみえます。なお、6番の栃の木へ向かう林道の途中に、やはり同氏所有の幹周り420cmの樅の大木もあります。(この地方随一)　＊地図2

栃4
中河内川上流の栃　設楽町神田(かだ)(H16・9訪)
実測幹周り530cm

　県道から分かれて中河内川沿いを上流へ、家屋と舗装が消えてから 2 kmほど奥へ行きます。乗用車では腹がつかえて無理な道です。1 本だけ黒々とした巨木が川岸に現れた時、やっと見つかった思いがしました。

栃5
東堂(とうどう)神社の栃　設楽町川向(H16・7訪)
実測幹周り510cm

　国道257号から下方に見え、集落の最上流部の神社にあります。栃の木の根元の祠はお稲荷さんで、杉の巨木もこの杜の中にあり、西には薬師堂、その裏には馬頭観音をはじめとする石仏が集められ整然と並んでいます

　㊟ここは現在の国道から下方に見えますが、地元の人に聞くと、人馬の道(2代前の旧道)は下方から鳥居の所まで来てそこから現道の方へ急に登っていたそうです。この道を登りきった峠は納庫との境で、その名は「市場口峠」だそうです(現国道257号と同じ峠付近と思われる)。設楽ダムが出来るとこの付近までダムの湖水が来て、川向で残る家は11戸だそうです。

栃3 東栄町 振草小林の栃（左下はカンアオイ）

栃4の上方

栃4 設楽町 神田の栃

栃5 設楽町 川向の栃

栃6
東栄町振草字小林の栃 （H16・7・24訪）片桐氏所有
実測幹周り503cm

前述3番目の栃より下流100mほどにあるのものです。旧秋葉街道沿いの馬頭観音から下方を見ると、渓流右岸に生えています。

栃7
下粟代の栃　東栄町振草 （H16・9・11訪）
実測幹周り500cm、推定樹齢300年

国道151号の布川から県道431号八橋中設楽線を西へ入り、字底瀬から県道424号振草三河川合停車場線に曲がり込みます。さらに最初の農道を左折して砂利道となり、500mほど沢を登ると屋敷跡から橋を渡り、やがてこの木が沢沿いに見えます。根元から背丈ほどで急に細くなっています。

🅡 この山道をどんどん登って行くと、御殿山（ごてんざん）の南側の「月（つき）」という集落に至る道であったそうです。御殿山はどちらから見てもまんじゅうの頭のような形で、頂上に大村神社があり、南側の中腹には槻神社もある神体山のようです。

栃8
大沢の栃　富山村 （H16・9再訪）
実測幹周り483cmと400cmなど

役場の上方に熊野神社があり、そこから八嶽山（1140m）への登山道を約40分登ると、左下の沢に5本ほど栃の大木があります。急斜面に生えていて、足を滑らすことが何度もありました。ここの情報は地元の方から得たものです。

栃9
漆島（うるしじま）の栃　富山村 （H16・9・11訪）
実測幹周り480cm

霧石トンネルから7kmほどつづらおりの県道を下り、最初の家（民宿「嶋開都」＝川上村長宅）の手前約200mの山側に2本見えます。まだまだ樹勢は旺盛です。県道を挟んだ下方は漆島川です。ここのダム計画は中止になったそうです。

富山村の木が「栃」であることは村内を調べてみてよくわかりました。役場から飯田の方へ県道を進むと、集落の外れ付近にも栃が県道から見えます。その他至る所にあります。

環境省のデータによると豊根村にも幹周り481cmの栃があることになっていますが、役場や森林組合に問い合わせても「豊根には大木はない」という返事でした。

栃6　東栄町　振草小林の栃

栃7　東栄町　振草下粟代の栃（杖は三脚代わりにも使う）

栃8　富山村　大沢の栃

栃9　富山村　漆島の栃

「樫」かし Oak tree 〈学名Quercus〉

　ブナ科です。樫の木はその名の如く堅い木で、歯車・荷車・運送車（牛・馬車）・鍬（くわ）の柄などに使われ、トラックの台座としてはごく最近まで使われていました。変わったものでは、世界中ドラムを叩くバチも樫です。比重が１に近く、乾いても重い木です。楠と同様にシラタと赤身の区別がつきにくい樹種です。

　樫の種類には、シラカシ・アラカシ・イチイガシなどがありますが、イチイガシは炭にすると火力が最良だからこの名がついたそうです。また一般の樫の実は近年あまり食べませんが、イチイガシは薬用にもなるというのに、あまり見あたらず、神社境内に残っていることがあるくらいです。この木のどんぐりの実は渋みがないので、リスや野うさぎなど野生動物の餌になっています。神聖な木ともされるそうです。このような山の木の実が不作の場合、野生の動物が里へ下りてきて人々を驚かせます。

　The timbers of this tree have been used in lot of ways because it is very strong, such as making wheels of wagons and carts, handles of farm appliances, and so on. The nuts are the food of many wild animals living deep in the mountains. In the case of crop failure, they may come down to human habitations looking for their food.

樫1
設楽町豊邦林道沿いの樫 （16・5・26訪）

実測幹周り1200cm、樹齢約400年 〈日本最大の樫〉

　国道420号の西川へ行く林道より、もう一つ下流から山へ入る林道が開拓されてから最近世間に知られたもので、樫の木では全国トップクラスになるようです。この木の記事が平成16年5月に新聞に載りました。その記事には幹周り1150cmで全国2位の太さとありました。筆者が行ってみますと、写真のように幹が変形しているので測りにくいうえに、細くくびれたところで一部折れています。それを取り込んだ形で測れば前記の実測値くらいです。そうすると大分県の全国1とされる樫とほぼ同じ規模となります。葉は白樫のように見えても、実際は赤樫のようです。

　地主はこの木を承知していたと思われますが、実際はこの木の生えている稜線が地主の境界にあたるそうです。そこの尾根を下方へ降りていくと、幹周り3mくらいの桧・くぬぎ・ツガなど樹種のはっきりしない大木が沢山そのままになっています。

樫1　設楽町　日本最大の樫

樫2
白鳥神社の樫　鳳来町愛郷（恩原(おんばら)地区）(H15・3訪)

実測幹周り620cmのイチイガシ

斜面に生えているため一人では測りにくい場所でした。樹勢は盛んですが無指定のようです。寒狭川から上島田へ行く県道の途中で見つけました。＊地図6

鳳来町　愛郷（恩原地区）の風景

樫3
白髭神社のイチイガシ　岡崎市才栗(さいぐり)町(H15・4・6訪)

実測幹周り580cm（市指定天然記念物）

木に空洞は見あたりませんが、大変樹齢が古そうです。現地の看板には胸高囲（幹周り）500cmになっています。＊地図34

樫4
天堤(あまづつみ)のアラカシ　設楽町長江(H16・7・24訪)

実測幹周り510cm

この木はシラカシと根元が合体（相生(あいおい)）していて、アラカシだけの太さでこの寸法です。伊藤宅の裏にあり、そこにはコナラと柊の大木もあります。また、ここは柴石峠へ行く旧道が通っていた所にあたります。西方を見れば設楽ダム計画の谷の向こうに、はるか三河の山々がよく見える所です。＊地図2

樫2　鳳来町　愛郷の樫

樫3　岡崎市　才栗町の樫

樫4　設楽町長江　字天堤の樫（左・アラカシ、右・シラカシ）

その他の樫

　瀬戸市定光寺に幹周り610cmのシラカシがあるそうです（「あいちの名木」より）が、尋ねて行った寺のお庫裏さんに聞いても場所が分かりませんでした。県内No.20の大木であった足助町大字川面（かわおもて）の津島社のシラカシは、目通り800cmほどあって、目の高さまで大きなこぶになっていました。その上の幹の周りは670cmほどでしたが、平成14年に転倒してしまいました。

　藤岡町三箇字内坪の加藤宅の庭には、実測幹周り505cmの「あらかし」があります。（H16・7・11訪）

　樫の大木はまだ他にもあります。**下山村阿蔵の樫**は幹周り480cmで、この根元から宇連野を通って鳳来寺へ行く道筋であったそうです。ここは昔から有名な所であったらしく、お堂が今なお残されています。（H15・8訪）

　豊田市社町の八幡宮（寺部の城跡近く）には幹周り420cmのイチイガシがありますが、中身は空洞で黒こげです（H16・7・11訪）。

　藤岡町大字西市野々の八剣神社には、実測幹周り400cmの「あかがし」があります。樹齢は400年とされます。（H16・7・11訪）

　岡崎市伊賀町の昌光律寺には幹周りは335cmですが、いかにも古木を感じさせる白樫があります。（H16・6訪）

その他の樫　岡崎市伊賀町　昌光律寺の樫

その他の樫　下山村阿蔵　右側が樫

その他の樫　藤岡町　三箇の樫

その他の樫　藤岡町　西市野々の樫

「椹」 Sawara 〈学名Chamaecyparis pisifera〉
さわら

　この木は桧によく似た木で、住宅建築用として大変香りの良い木です。木曽五木（桧・サワラ・明桧＝あすなろ・高野槇・ねずこ）の一つで、尾張藩御料林においてはこれらを一般住人が切ってはならないとして大切にされた木です。木一本首一本、と言われるほどの時代がありました。

> The timber was fragrant with the smell of these trees in the period of the Shogunate Government at Edo, the value of one tree of these five kinds of trees had been equal to a human life, because they had not been cut down as timbers, so the giant trees are really rare.

椹1
足助町有洞のサワラ （H15・8・23訪）

実測幹周り670cm

　全国10位のサワラの大木であり、この地方では珍しいものです。急坂の途中にある有洞（うとう）の集落へ再度行って見ると、この木は相変わらず均整のとれた大木で、高さは35mあるそうです。隣には薬師堂があり、共にこの地方の布教に尽くした徳本上人（和歌山県出身）と慈本豪英尼（8才で出家し、足助町則定で修行、吉良町出身）の名号石もあり、それは高さ3mくらいの大きなものです。
　他に東栄町振草字小林に幹周り272cm・高さ36mと言う椹もあります。設楽町の裏谷の原生林の中にも椹の大木が沢山生えています。　＊地図17

サワラの根元

樹1　足助町有洞のサワラ

「桜」 さくら Cherry 〈学名Prunus〉

　バラ科とされます。この木も「楠」同様育ちが早く、枝を切るとそこから腐り易いものです。ですから、昔からのことわざに「桜切る阿呆に梅切らぬ馬鹿」というのがあります。昔は花の代表が桜で、花といえば桜のことでした。江戸時代を中心として絵や文字の印刷用として使われた版木や、鍬など農具の柄にも最良とされました。樹皮は曲げ物として茶筒・文箱などに仕上げられます。桜の木は根元から枝分かれしているものが多く、秋に葉が順番に紅葉していくのも一興です。特に花を見る目的で改良されたソメイヨシノは100年ほどと寿命も短いものです。

　The flower of this tree is very beautiful and the fruits are very delicious. The growth is fast ; however if a branch is cut off the cut end corrodes easily. Because the timber is hard and the processing is easy, cherry wood has been utilized for the materials of printing blocks and forming goods. *SOMEIYOSHINO* improved the enjoyment of the cherry blossom in Japan, and this enjoyment has been shared by other people in the world.

桜1
金沢の山桜　宝飯郡一宮町（H15・4訪）
　　実測根周り670cm、推定樹齢300年以上
　　山畑の中にあり、根元には江戸時代からの墓があります。＊地図18

桜2
長養院の山桜　北設楽郡東栄町（H16・9訪）　—写真は101ページ—
　　実測幹周り495cm、推定樹齢200年
　　大字下田の県道交差点から下流へ少し行った県道の北側に見えます。片側が腐り、主幹の上部も失われ老化が進んでいます。＊地図4

桜3
東薗目の山桜　北設楽郡東栄町（H16・9訪）　—写真は101ページ—
　　実測幹周り430cm、推定樹齢150年
　　昔は北方の役場のあった御園まで人馬の道があったのですが、現在は県道が行き止まりになっています。この谷間の急な斜面に点々と家屋があり、それは35軒ほどになるそうです。地滑りのおそれがある土地柄らしく、傾斜計が設置してあります。この木は大野宅の裏にあり、枝下の長い、素性の良い木です。あまり踏み荒らしては困るそうです。＊地図4

桜1　宝飯郡一宮町　金沢の桜

桜4
金竜寺のしだれ桜 北設楽郡津具村（H16・4・21訪）
実測幹周り375cm（県指定）

樹齢は130年以上といわれますが、実際はこの木はもっと古いのではないでしょうか。木の前には「大秀桜」という石碑があり、昔から有名だったのでしょう。大秀とは当時の住職の名前だそうです。　＊地図19

桜5
瑞竜寺のしだれ桜 稲武町（H16・5再訪）
実測幹周り360cm、推定樹齢340年（県指定）

幹を見るとこの木も古そうです。稲武出身の名僧山田無文氏が22才の時に詠んだ歌が歌碑となっています。「おほいなる　ものにいだかれあることを　けさふく風のすずしさに知る」

その他の桜

御津町金野の松沢寺にある山桜は根周り660cmとされますが、現在は根元が半分割れて痛々しい姿になりました（H15・12訪）。

東栄町本郷の竜洞院にある枝下桜（別名粟代桜）も県指定ですが、実測幹周りは320cmです。樹齢は150年という説もあります。

岡崎市奥山田町のしだれ桜（市指定）は、持統天皇が行幸の折り植えたものとされていますが、実測幹周りは305cmほどです。1300年も生きてきたとはとても考えられず、きっと何代目かのものでしょう。

その他の桜　岡崎市　咲き始めた奥山田町のしだれ桜（近藤卓氏撮影）

桜2　東栄町　下田

桜3　東栄町　東薗目

桜4　津具　金竜寺の桜

桜5　稲武町　瑞竜寺の桜（S46年撮影）

「椎」 Sii 〈学名Castanopsis cuspidata var. sieboldii〉

　椎の実も昔はよく食べられたもので、筆者も自分で煎って食べた覚えがあります。樫の実より小粒です。神社や寺のような古い森によく見かけます。西尾市上永良町の「神明社の大椎」は国指定で、太さが20mというデータがありますが、現地を見ても株が分かれていて、とてもそれほど太くありません。古い木は枯れたのだそうです。

　The tree has been looked about the shrines and temples. Japanese have had the fruits of this tree. The author remembers to eating this artless fruit.

椎1
豊田市堤本町の椎 （H16・7訪）

　　実測幹周り705cm、推定樹齢700年

　地名まで大木となっている酒井宅の東にある椎は、写真のように根元から枝が沢山分かれています。最もくびれた部分の太さを測りました。きっと枝の断面積を加え合わせて1本の太さとすれば比較し易いでしょう。

その他の椎
大久保神社の椎　田原市 （H16・6訪）

　　実測幹周り400cm（H4市指定）

　測り方によっては県下にもっと太いものがあるようですが、この木は姿が一本立ちで樹齢も古そうです。

　この他「愛知の名木」によると、**小坂井町伊奈の東漸寺にある椎**は、幹周り6mあるというので出かけましたが、実測幹周りは360cmしかありませんでした。現地の説明板にも6mとあるのですがどういうことでしょう。この木から通路を挟んで西側に実測幹周り410cmの若い木がありました。当寺の境内は広く、多くの大木の中には実測幹周り420cmのタブの木もありました。大木の森はサギとムク鳥の楽園になっており、その中の墓地には伊奈城主本多家5代の墓もあります。（H16・6・13訪）

椎1 豊田市堤本町の椎

「椪」 あべまき
Abemaki 〈学名Quercus variabilis〉

　大きいドングリの実が成る木で、木肌がコルク状になります。コルククヌギとも呼ばれ、樫類であり、木肌はコルクの代用にもされるそうです。木のウロに樹液が出るので、クワガタやカブト虫が集まる木です。この樹種の巨木は少なく、全国「巨樹・巨木」（山と渓谷社）を見ても、兵庫県大屋町の幹周り500㎝という木が一本あるのみです。腐りやすいので建材などにはあまり使われず、ナラ・クヌギなどと共に適当な太さになると炭用に使われた木です。

　インドでは「モンギ」といって、実をそのまま生で食べるそうです。

The bark of this tree is like cork. This tree has rich sap, swarming with many insects, for example there are beetles, stag beetles and so on. This trees are utilized as charcoals and shiitake mushroom logs. The tree is unsuitable for timbers, thus such a giant tree is very rare in Japan.

アベマキの実

椪1
足助町追分のアベマキ　田振地区（たぶり）（H16・6訪）

実測幹周り495㎝（町指定）

　「愛知の名木」を見て、足助町追分字橋詰にある田振地区の神明社へ行ってみました。巴川沿いの足助街道を上流へ田振近くまで進むと対岸にその勇姿が見えます。なぜか神社だけが集落の対岸にあるのです。このアベマキは、上の方が3本に分かれていて、根周りの方は少し細く490㎝です。

　麗この神社の後ろの山腹に大岩があるのは、昔のご神体でしょうか。この木の南側に現在でも使われている炭窯があります。ここは東海自然歩道の途中のようです。　＊地図20

椚1

椚1　アベマキのある社の背後に岩が目立つ

精2
東栄町振草字小林のアベマキ
(H16・7・24訪)　片桐氏所有

　　実測幹周り390cm

　栃の木NO３と同じ山の下方にあたり、稲武町の方からきて旧秋葉街道の途中にあります。片桐さんはアベマキといわれますが、ナラの木かもしれません。

精3
順行寺のアベマキ　岡崎市細川町 (H15・6訪)

　　実測幹周り370cm、推定樹齢250年（市指定）

　最も古そうなアベマキですが、最近勢いがなくなり現在樹木医により手入れ中です。（この本の校正中、2004年10月20日の台風23号で根こそぎ倒れ、寺の太鼓堂も巻き添えを受けました）

　この他にも幹周り400cmくらいのものはあるようです。

太鼓堂を壊して倒れた順行寺のアベマキ

楮2　東栄町振草字小林　片桐さんの山のアベマキ

楮3　岡崎市
　　順行寺のアベマキ

「ホルトの木」〈学名Elaeocarpus sylvestris var. elliptcus〉

　暖地性の常緑樹で、田原市にこの大木が多いようです。この木にも食用にしていた実が成ります。オリーブの実と似ていることからポルトガルの木、ホルトの木となったそうです。（平賀源内がオリーブと間違えたといわれている）2月頃鳥が食べていたので筆者も実をかじってみましたが、酸っぱくてまずいものでした。緑色の長さ2cmほどの楕円形で、何か別に良い食べ方があるのでしょうか。これも照葉樹で葉は山桃に似ていますが、老葉は赤くなりきれいです。地元では「しじゅの木」と呼び、正式な別名は「もがし」ともいうそうです。知多半島美浜町の阿奈志神社に県天然記念物の「ホルトの木」があるそうですが、幹周りは280cmほどだそうです。

　おもしろい風景を見ました。それは平成16年7月16日の暑い日のことですが、楠・モチ・ホルトの3本が植えられたある事務所の庭でした。ホルトの木だけにクマゼミが大量に付いているのですが、他の木には一匹も付いていませんでした。偶然なのか、それとも理科的理由があるのでしょうか。

葉と実

This tree is an exotic variety from Portugal. So the tree had been named *HORUTO*. It is the Japanese word for Portugal. Gennai Hiraga (a scientist in the Edo period) mistook the tree as an olive tree.

ホルトの木1
田原市のホルトの木 (H16・6訪)

実測幹周り345cm（H4町指定）

　田原市街の八幡社に大木が3本、大久保の長興寺にも1本あったのですが、最近皆枯れてしまいました。それでは現在この種の巨木は無いのかと失望しはじめたところ、同市の野田小学校にあるというのであまり期待をせずに訪れました。東側の低い所には今池川が流れている地形で、その西にある明治45年の門柱の両側に、幹周り310cmと345cmの2本がありました。予想以上に2本共風格のある巨木で、これを確認して安堵しました。（平成15年8月田原町は赤羽根町と合併して田原市となっています。）　＊地図7

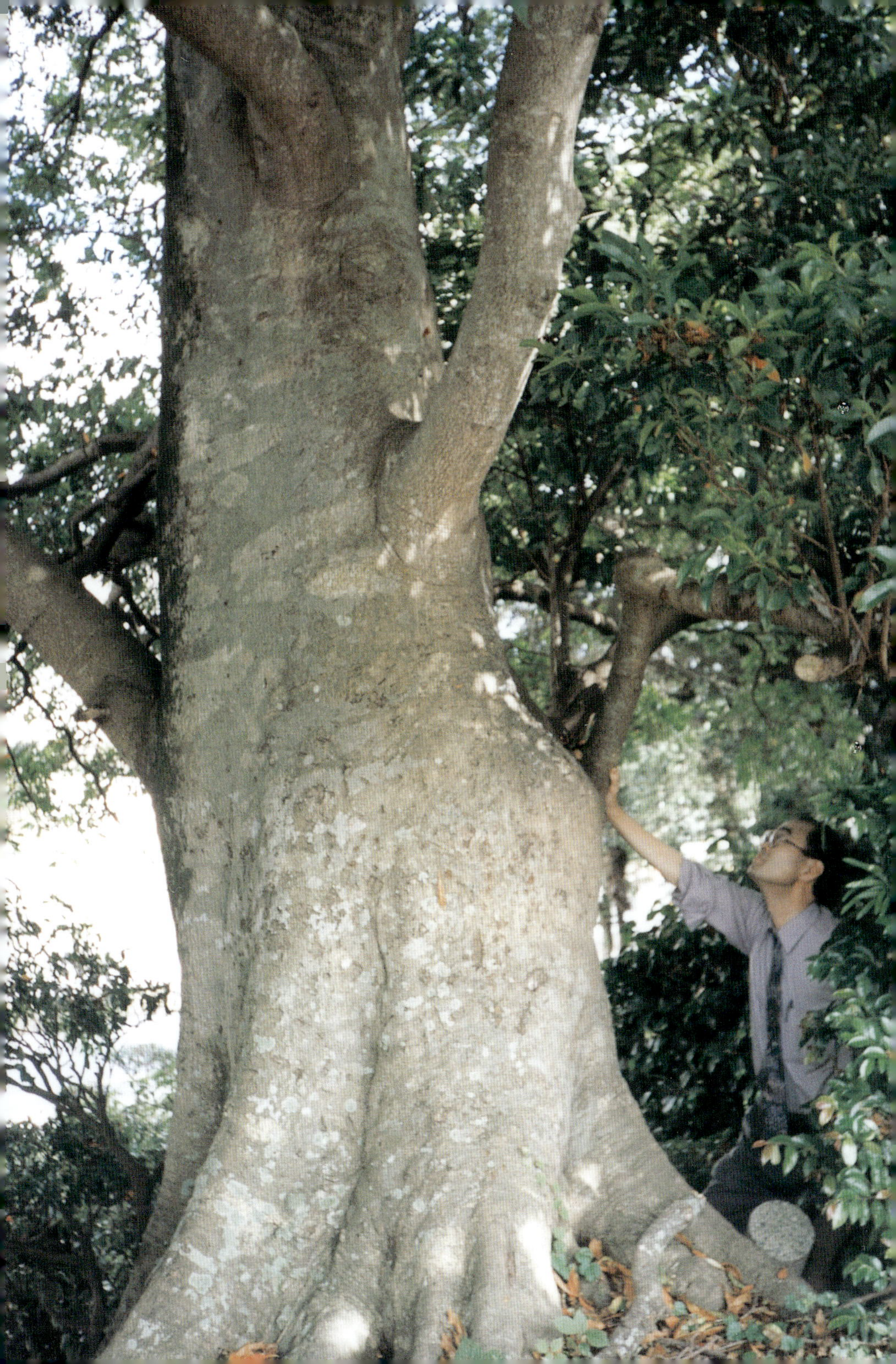

「椨の木」 〈学名Machilus thunbergii〉

　楠の木の類で、イヌ楠ともいわれる暖地性の木です。古代には丸木船を作った木だそうです。タモとかタマとも呼ばれ、タマとは霊のことで、この木は霊木なのだそうです。これは海岸地方に多いと思っていましたが、設楽町田峯の熊谷宅に6mを越す太さの大木があるという記事を見て出掛けました。ところが老木となって枝が隣の民家や道路に落ちて困ることから、6年前に切り倒されていました。お宅の玄関に衝立となっていた木の周りを測ると440cmあり、切り株の根周りは590cmありました。（H15・11訪）

　A very long ago , canoe were constructed using the log of this tree. So, the author had believed that the tree lived in the neighborhood of the seashore, but instead he found this giant tree far up in the mountain.

椨の木1
役場の東のタブ　設楽町田口（H16・7訪）
　実測根回り930cm（県指定）

　田口の栄地区に属し、字名が「タマの木」だそうです。この地方ではタブの木のことをタマの木と呼んでいます。役場の西にある福田寺（武田信玄の墓がある）の管理地のようですが、地元では「タマの木さま」と呼び、祠のある木の麓で毎年お祭りをしています。写真では内側が空洞で2本の木に見えますが、よく見ると幹であったのですが、徐々に腐食してきた姿です。全国1のタブは神奈川県清川村の幹周り900cmの木だそうですが、この田口の木も腐っていなかったら相当のランク付けになったでしょう。

　地元の人に聞くと、この木はタブの木の北限に生えているものといわれましたが、環境省の調査によると、茨城県に全国5番目で幹周り824cmのタブの木があるそうです。いわゆる海流の影響で北国にもあるそうです。　＊地図2

椨の木2
津島神社のタブの木　豊田市石楠町（H15・12訪）
　実測幹周り473cm、根周り780cm

　石楠町は昔の所石と大楠という二つの集落の地名が合併して名付けられました。この地区には地名のとおり岩と楠の木が多いのです。この木は昔の所石地区の神社にありますが、大分老齢です。

椨の木1　役場の東のタブ

椨の木2　津島神社のタブの木

「松」 Pine tree 〈学名Pinus thunbergii〉

　広辞苑によれば、「神がこの木に天降ることを待ったから、この名が付いた」そうで、地球の北半球に約100種あるそうです。
　黒松は神の宿る木であると同時に、四季を問わずに緑濃いことから縁起の良い木として正月飾りの門松にも使われ、全国で最も愛され親しまれている木になるそうです。松は松明に使われる木であることから、1400年前ころから急増したという研究結果があります。(「松と日本人」有岡利幸著)
　また元々の黒松は主に暖かい海岸に近くに生え、赤松はそれより内陸の標高の高い所や寒い地方にあります。東北地方や北海道では赤松がよく見られます。赤松の巨木は少なく、鳳来町の「かしやげ峠」東の墓地付近に見ただけです（2年前）。松こん油というのは松ヤニから作られ、自動車や飛行機の燃料として戦時中使われました。愛知県庁の付近や田原市波瀬の海岸沿いの松などに、今でも松ヤニを採った傷が残っています。燃やすと最も火力が強い木とされ、焼き物の最終的な燃料でした。用材にした場合の松ヤニは邪魔物ですが、手入れよくこすればヤニは出ないそうです。だから赤松の板（赤身がよい）は木目も良く、欅より高価の場合があるそうです。しかし、従来よりしばしば松は雑木とされてきました。一般には、杉桧林の中に松・クヌギなどの雑木が生えていると邪魔者扱いされ、「コセ木」といって木の皮をぐるりと削り取って枯らされることがあります。松は板よりもむしろ、「のもの」といって天井裏に隠れた家の骨組みに使われることが多かったようです。幡豆町の妙善寺に直径90センチの松の輪切りがあったので、その年輪を数えると180年ありました。

コセ木（設楽町ぬかしょい道）

　松は公害が始まった昭和40年代から松食い虫により多くの木が枯れてしまいました。北設楽郡東栄町大字御園の幹周り391cmの赤松も調査に行ったところ、平成15年に枯れたそうです。このように山から松が消えつつあります。この現象は段々寒い地方や標高の高い地方へ移っているようです。こんな中で大木として残っているものもあります。

The pine needles are green all year round, the trees have been used as a good luck decoration on the front of entrance of each house on the New Year. In addition, many black pines have been planted for garden trees and have been trimmed. This tree is unsuitable for timber, so the tree living in the same forests as "fire tree" and "straight tree" have died because of stripping the bark around the trunk. However, many trees weakend by air pollution have been killed by noxious insects.

松1 吉良町 勝楽寺の黒松

松1
勝楽寺の黒松　吉良町小山田（H16・7訪）　―写真は前ページ―
実測幹周り590cm、高さ約30m、樹齢650年（昭和43年県指定）

　この枝振りも立派な松は、足利尊氏が1339年に寺を創建した時に植えたとされます。枯れない対策としては、年2回レッカー車による噴霧消毒、2月ころの松が水を吸い始める時期に、樹幹注入や根元にも「松エース」という栄養剤を施します。また根が伸びやすいように、根の回りの土の入れ替えとか、付近の舗装をめくって透水性の舗装に取り替えたりしました。これらの費用は県・町・寺の負担で行われるそうです。

　この寺の本尊は「小山田地蔵」と呼ばれ、安産・子育てなどに霊験あらたかといわれます。本尊は見えませんが木造の地蔵さんだそうです。　＊地図21

松2
「おみよしの松」　弥富町（H16・8訪）
実測幹周り570cm、樹齢約360年（町指定）

　現地の説明板によると、正保3年（1646）の平島輪中開拓当時に植えられ、「おみよし」の名前の由来については、津島神社の天王祭りの御葭船（葭で編んだ船）がここに流れ着いていたからだそうです。

　ここは筏川（明治33年までの木曽川）左岸にあったのですが、明治5年から昭和9年までこの辺りを国道1号が通っており、昭和32年にもっと多くの面積が埋め立てられて現在の弥富中学の校庭が出来ました。　＊地図22

松3
水竹神社の松　蒲郡市水竹町（H16・9・19訪）
実測幹周り390cm

　筆者の推定樹齢は400～500年です。ここは水竹町で、もともとここにあった神社に、昭和36年近辺にあった貴船神社・天神社・御鍬神社が合祀されました。それぞれの地元では歴史があった社でしょう。

　🈟ここの鳥居に注目です。入り口の松の所に新しい鳥居があり、拝殿に近づくと高さ2mほどの小さな石の鳥居があります。これには宝暦3年（1753）と刻まれています。この鳥居が筆者の先祖（六兵衛）が建てたもののようです。地元の人に聞くとここから南200mほどの所に貴船神社の旧地があり、そこの鳥居もこれとそっくりだそうです。行って見ると年号・大きさ・石模様などが同様なもので、岡崎から運ばれたことになります。

その他の松
　新城市小畑の「天狗松」は、幹周り540cmあったそうですが、昭和63年に枯死したそうです。

松2　弥富町　「おみよしの松」

・参考・

赤松の大木（設楽町、田峯裏道）

松3　蒲郡市　水竹神社の松

「伊吹」 Ibuki 〈学名Juniperus chinensis〉

　別名ビャクシンともいわれ、海岸地帯の西日本から朝鮮・中国に育ち、垣根によく使われ幹がねじれるカイズカイブキは伊吹の代表種です。伊吹は伊吹山から名付けられました。

　The *IBUKI* tree shoots out great many branches, so the tree has been utilized as hedges. The trees growing in China and The Peninsula of Korea are from western Japan.

伊吹1
摂取院のイブキ　半田市前崎東（H16・8訪）

実測幹周り413cm（S56県指定）

　光明山摂取院は東向きの高台にあって、付近には常夜灯が沢山あり、衣浦湾（旧名は衣ヶ浦）からの目印であったようです。半田市はまた江戸時代から酒造が盛んなところで、この東側には酒蔵の後を「はなくら」という画廊に使っているところがあります。　＊地図23

伊吹2
常滑市大野町のイブキ（H16・7訪）平野宅

実測幹周り400cm、推定樹齢700年（県指定）

　名鉄電車の大野駅から南西へ矢田川を渡った平野宅に大木が2本あります。道沿いのものは実測幹周り320cmで、庭の中のものがこれです。枯れ始めたので樹木医により、「根継ぎ」といってイブキの苗を隣りに植えて根を結合させておく方法がとられ、幹が元気になったそうです。

　🈩大野という所は知多半島の西の玄関で、江戸時代まで船の出入りが多く、もっと古くはこの川の奥まで入り江であり良港でした。入り江の南北には城があり、徳川家康は、自分の大将である信長が本能寺に倒れた直後、堺から逃れ伊賀越えをして岡崎へ帰るとき、ここ

「屋敷が広いので草が取りきれんがね」。根元のイブキの苗木は根継ぎ用

伊吹1 半田市　摂取院のイブキ

を経ていったそうです。平野さんに伺うと、当家は陸の大庄屋であったため屋敷が広く、東側の公民館の敷地も分けたのだそうです。また古文書も沢山あり、家康が立ち寄った記録もあるようです。

その他の伊吹

安城市野寺の本證寺のイブキ（S53県指定）の実測幹周りは332cmです。
知立市重原の万福寺のイブキ（S31県指定）は実測幹周り312cmです。

伊吹2　常滑市　大野町のイブキ（塀の外から）

その他の伊吹　安城市　本證寺

その他の伊吹　知立市重原　万福寺

「杜松の木」Nezunoki 〈学名Juniperus rigida SIEB，et ZUCC〉

　葉が針のように尖っていて触れると痛い木なので、ネズミの通路を遮るために使われたりされ、別名ネズミサシといわれます。最近の盆栽仲間ではサツキよりこの木が杜松と呼ばれて流行しています。三河では「べぼ」と呼んでいて、幹はねじれる性質があり床柱などに珍重され、腐りにくいので土地の境界杭としても使われます。この木は中部以南のやせた山地に多いのですが、育ちが遅く全国でも巨木は少ない樹種です。

　The leaves of this tree are very sharp. Blanches with these leaves have been used for protection against rats. However, this kind of tree has also been planted as a *bonsai* tree. The growth of this tree is very slow.

杜松の木1
鳳来寺参道のネズの木

鳳来寺町門谷（H15・10訪）

　幹周り352cm、樹齢1400年（県指定）

　鳳来町門谷の鳳来寺参道に「ネズ（杜松）」の巨木があり、昔から鳳来寺への道しるべになっていたといわれます。平成5年樹木医が剪定をして手入れしたそうです。　＊地図28

「椋」 Muku 〈学名Aphananthe aspera〉

椋の実を椋鳥が食べるといわれますが、大木になると幹の皮がむけてくることから名付いたともいわれます。中国大陸に自生し、この木は用材にされることが少ないようです。葉が紙ヤスリの代わりになるそうです。一番太い木としては津島市城之越町に幹周り870㎝の国指定のものがありましたが、平成5年にとうとう枯れてしまいました。

It has been said that the Japanese name of this tree is deloved from the fact that the fruits of this tree are eaten by gray starling (*MUKU-DORI* in Japanese). The timbers of this tree could not been utilized.

椋1
主税町の椋　名古屋市東区（H16・6訪）
実測幹周り600㎝

市内保存樹の一覧表を参考にすると個人の敷地（土屋家）にあり、現在「しゃぶしゃぶ太閤本店駐車場」になっています。この辺りは白壁町にも隣接し、江戸期の中級の武家屋敷があった地区のようで、東隣りには武家らしい門があり、その南に県のチカラマチ会館がかつてはありました。　＊地図24

椋2
白山神社の椋　岡崎市魚町（H16・6訪）
実測幹周り540㎝　　　　　　　　　　　　　　―写真は123ページ―

ここは岡崎城から続く台地の端にあたり、西の崖下には伊賀川が流れています。断面が扁平です。

椋3
金明龍神社の椋　名古屋市中区（H16・10訪）
実測幹周り532㎝　　　　　　　　　　　　　　―写真は123ページ―

2丁目にあたる那古野神社と東照宮の西になり、「シテイコーポ東照」の中庭にあります。樹木医の手入れがしてあるようです。ここを探すのは2度目であり、近くの喫茶店で教えてもらいました。

雑現地の碑によると、ここはもと尾張藩重役であったが文人でもあった横井也有の出生（1702年）地で、その句と思われる「闇の香を　手折れば白く　むめの花」というものがあります。　それからもう一つ、ここは明治5年からの

保存樹ムクノキ

椋1　主税町の椋

明倫小学校の地でもあって、その校歌「人の鏡となるばかり　みがけやみがけ　ましらたま　幼きころゆ　おこたらず　つとめはげみて　学びなば　我が明倫の名とともに　やがて光も世に出でん」と刻まれています。その学校も昭和20年3月の名古屋空襲で消え去りました。

椋4
古部の大椋　岡崎市古部町（H16・5訪）
実測幹周り530cm、推定樹齢500年

　古部という所は県道から蓬生町を通り越した山間部の集落で、立派な家の多い所です。しかし大型トラックは入れない道幅と思われます。大椋はその集落の真ん中に聳え、根元にはお堂があります。これは代々庄屋であったといわれる23代目になる杉山宅の木だそうです。

　圖古部は昔、「千万町街道」といわれる道が尾根を通って秦梨から岡崎の町の方との往き来をしていました。

古部の里遠景。右奥に椋（H17.2再訪）

椋5
白山社の椋　江南市後飛保町（H16・8訪）
実測幹周り530cm

　「愛知の名木」によると幹周り600cmあることになっていたので、行ってみましたが、それほどありませんでした。木の東側は落雷で裂けています。神社の北側は木曽川の堤防ですが、この辺りは不思議と古墳や神社が多い所です。

椋2　岡崎市　白山神社の椋

椋3　名古屋市　金明龍神社の椋

椋4　岡崎市　古部の大椋（剪定してあるので空洞になっているはず）

椋5　江南市　白山社の椋

「梛」なぎ Nagi 〈学名Podocarpus　nagi〉

　この木は常緑で幹肌が紫褐色、台湾から九州・四国・本州南部の木とされます。和歌山県新宮市の熊野速玉大社には幹周り495cmの大木があるそうです。この木には毒性があるともいわれますが、葉はなかなか手で取れないので別名「チカラシバ」ともいわれ、縁結びの木ともされるそうです。また古くはこの葉を"鏡の裏"や"守り袋"に入れて災難よけにしました。

The joints of this tree between branch and leaves are very strong so many couples have a leaf of the tree for amulet and symbol of the marriage union. In addition, many people in Japan have worn a similar charm to ward off disease.

梛1
玉泉寺のナギ　豊橋市石巻町（H16・9訪）

　実測幹周り383cm、推定樹齢500年以上（市指定）

　字金田の石巻山南麓にあり、南には三輪川が流れ、下流は神ヶ谷、山の北側は神郷という地名をみれば石巻山が「神体山」であることを示しています。

　環境省のデータに基づき出かけましたが、次に紹介する国指定の「牛久保のナギ」より太いものがあるとは意外でした。しかもこの木の方が古そうで、西隣りにはこれも古めかしい榧の木があります。豊橋市内NO１の名木でしょう。

＊地図25

梛1　玉泉寺のナギ

棚2
熊野神社の「なぎの木」 豊川市牛久保（H16・6訪）

実測幹周り363㎝、樹齢400年以上（国指定）

　ここの神社を訪れてみますと、境内が飯田線で分断され、この「なぎの木」は線路の東側の藪の中にあります。こちらに市杵島姫（弁天）神社と稲荷社があり、この木の近くに「花盛り　心も散らぬ一本哉　牧野古白」という、かつての地元城主の句が見えます。線路の西側には東向きの本殿があり、そちらの境内の大木を紹介しておきます。本殿と線路の間にある広場の北側に幹周り320㎝のタブ、本殿向かって左側に幹周り170㎝の柏・線路西側の鳥居と本殿南東の角に「なぎの木」、その他椎の木などがあります。線路東にあるこの木の南東には欅の大木もあります。ここ豊川市にこんな大木が育ったのは珍しいのだそうです。他に渥美半島や豊川稲荷などにも小型のものがあります。

COLUMN

飲み込まれる墓石（岡崎市　大和町の妙源寺）
＜欅も石を木の中へとり込みます＞

梛2　豊川市　熊野神社の「なぎの木」

「広葉杉」 Kouyouzan 〈学名Cunninghamia lanceolata〉

　飯田市立岩の立岩寺を訪問したときにこの木がありました。これは「こうようざん」と説明板にふりがながつけてあり、中国原産で江戸時代に琉球を経て伝来した木なので別名「琉球杉」というそうです。ところがこの樹種の巨木が愛知県にもありました。

　The KOUYOUZAN tree was transmitted from China through Ryukyu in the Edo period. It is difficult to find up in Japan. But the author found this tree in Aichi prefecture.

広葉杉1
向陽寺の広葉杉　藤岡町大字折平(おりだいら)（H16・7・11訪）

　実測幹周り355cm、推定樹齢150年

　この木のある寺が「向陽寺」なので、若い住職に「この寺はこの木から名付けられたのですか」と聞くと、「いや寺の方が古いのではないか」といわれました。別名「台湾杉」「広東杉」ともいわれ、葉の形が竜の尾ににているので「龍尾杉」とも、あるいは鳳凰の羽にも似ているから「鳳凰杉」ともいわれるそうです。さらに、広葉杉は字はこう書いても葉は針葉です。　　＊地図26

広葉杉2
晴暗寺の広葉杉　豊田市林添町(はやしぞれ)
（H16・9・25訪）

　実測幹周り316cm、高さ約30m（市名木）
　大変素性の良い木で、壮年の木です。
　🈶ハヤシゾレという地名は、焼き畑農業のソラス（作り替える）からきているのでしょう。字名は寺脇です。この寺は曹洞宗で、当地の豪族であった藪田源吾は松平初代の親氏に討たれここに眠ります。また松平親氏の子信広、その4代後の親長及び5代後の由重など（松平領主）の墓もここにあります。
　国道301号沿いの川を100mほど下ると、徳川初代の親氏が架けた（14世紀中頃）といわれる石橋があります。

藤岡町天然記念物〈文化財〉
指定日 昭和四十九年二月
広葉杉〈すぎ科〉
樹齢 約百五十年
雌雄同株、花は四月頃開花
別名龍尾木ともいう 枝葉
が龍の尾に似ているところ
からホウオウ杉とも呼ぶ。
鳳凰の羽に似ているところ
からほかに、琉球杉、オラ
ンダモミの異名がある
藤岡町教育委員会

この看板・保護柵は、平成六年度愛知県地方振興
補助事業の補助金の交付を受けて作成したものです

広葉杉1 向陽寺の広葉杉

広葉杉2　遠景　豊田市林添町（前ページ参照）

「小楢(こなら)」 Small Oak 〈学名Quercus serrata〉

　コナラはブナ科で中国大陸にもあり、炭用や椎茸の原木に使われてきた木で大木は少なく、クヌギやアベマキに似ています。小さいドングリの実が成ります。

　The tree is a fagaceous plant, has been used for the materials of charcoal and the material wood of shiitake mushroom culture.

小楢1
代表例として一つだけ紹介します。
天堤のコナラ　設楽町長江字天堤(あまづつみ)（H16・7訪）

　　実測幹周り360㎝

　伊藤宅の裏にあり、県下1かどうか分かりません。ここには前述の樫の木や、幹周り250㎝の柊（ひいらぎ）もあります。この他にもコナラの大木はあるでしょう。

「槙」 まき

Maki 〈学名Podocarpus macrophyllus〉

高野槙や杉に一歩劣ることから、イヌマキともいわれます。梛と共に日本に地質年代から自生する木だそうです。かなりの年数を経ても太くなりにくい木です。棺に使う木は槙が良い、とされますが、古墳の木棺は槙を使ったようです。

The tree grows many blanches and leaves ; but, the growth of the trunk is very slow. Because the growth of the blanches and leaves is very fast, the tree has been utilized for garden plants and hedges. There are also very few giant trees of this type.

槙1
妙善寺のマキ　幡豆町（H16・9・23訪）

実測幹周り317cm（町指定）

ここは東幡豆の海岸沿いにある黒松林の中で、百寿カボチャの寺として有名です。カボチャを食べていれば、健康で長生き出来るというもっともそうな話です。この木は樹形も古そうで、葉に混じって実が沢山成っていました。この実も赤くなれば食べられます。　＊地図29

槙2
当行寺の槙
田原市大字田原（H16・6訪）

実測幹周り310cm

市街地の神明宮、八幡社とともに寺社の集まっている所です。この木の根元に蜂の巣があって、反対側からこわごわ寸法を測りました。

当行寺の槙

槙1 妙善寺のマキ

その他の槇

　豊橋市御園町の東田(あずまだ)神明宮には、ご神体となっている槇の大木があるといわれますが、一般の人は見ることは出来ません。確かに拝殿の屋根越に大木の上部が見えるのですが、太さが分かりません。そこで宮司さんに頼んで幹周りを測ってきてもらいました。その結果は幹周り270cmとのことです。推定樹齢は600年だそうです。この神社は豊橋市の東部の殆どの区域を氏子としていて、伊勢神宮の領地（御園）としての要でした。

槇2　田原市　当行寺の槇

＜後補＞豊橋市多米東町の春日神社にある、実測幹周り333cmで推定樹齢400年という大槇を見落していました。

「栗」(くり) Chestnut 〈学名Castanea crenata〉

　栗はブナ科でほぼ世界中にあり、縄文時代からその実を食用としてきました。そしてまた腐りにくい木として家材や線路の枕木などとして使われてきました。現代でも土台や柱として残る旧家があります。設楽町天堤の伊藤宅は軒の板が栗製でした。栗炭は鍛冶屋で使われたようです。

　いつも不思議に思うことなのですが、線路の枕木はあれほど大量に使われているのに、一体その栗林はどこにあったのでしょうか。筆者の見た栗林の大木は、北海道の森町青葉ヶ丘公園の樹齢300年といわれるもののみです。それでも素性が悪いので枕木（標準長さ270cm）は沢山出来そうもありません。

The chestnuts of this tree are eaten through out the world. The timber is very hard; therefore, the wood of this tree has been used for railroad sleepercars and structural frames in houses. The timber of this trees utilized in the foundational frame of old wood structures has lasted a very long time without decaying.

栗1
「みんざの栗」 東栄町月（H15・8訪）

幹周り457cm、推定樹齢200年

御殿山の南麓に流れる御殿川の左岸にあり、枝分かれしています。

「橅」 Beech 〈学名Fagus crenata〉
ぶな

　この木は幹の肌と葉が欅に似ています。実はとげの中の殻に稜があり、ソバグリともいうそうです。一般的には標高600〜1500mの世界中の高地に生えていて、1500万年前からあり、我が国の広葉樹の中でも最も多い樹種だそうです。愛知県内では、奥三河のみしかないそうです。こういう木は保水が良く、熊はこの実を食べ、キツツキなどが寄りつくなど生態系にふさわしい木ということが分かって来ました。テレビの報道で、アカネズミ一匹は一冬でこの実を約1000個必要とするという説明もありました。

　ところが、素性が悪く用材に向かないということで大々的に伐採され、杉や桧が植林される時期がありました。最近になって、それでは治山・治水や生態系などの面から、人間の生活に良くないということで見直されています。青森県の白神山地の広大な天然ブナ林は、1993年に価値が高いとして世界遺産に登録されました。

This tree has been growing wild at 600 - 1500m height 15millions years ago. In addition, the tree has a big capacity for retaining water. The tree has not been found as a unsuitable tree, therefore, many forests of this tree have been cut down and trees suitable for timber have been planted. Recently for flood control and reforesting efforts, forests of these trees have become to be very important. *Shiragami* Highland is a place that many trees are growing wild and it was designated as a protected area in 1993.

The nuts of the tree are very important food for many kinds of wild animals living in these forests.

橅1
文珠山城跡のブナ　作手村清岳（H16・8訪）
きよおか

　実測幹周り485cm、推定樹齢400年
　標高660m、善福寺の裏山です。この木は、2mくらい上から6本の枝に分かれ、豪壮さには欠けます。　＊地図1

橅2
面の木原生林のブナ　稲武町（H16・12再訪）

　実測幹周り390cm
　「面の木峠」という名前は、ブナの木に鬼の面が彫られていたのでこの名がついた、という伝説もあります。だからブナの太い木があるはずですが、県道沿いにはミズナラの大木が目立つのみです。設楽町の加藤さんに聞くと、奥に

栖 1　作手村　文珠山城跡のブナ

ブナの大木があるといわれます。そこで再度、標高1000mほどの原生林の奥を2時間ばかりかけて探しました。峠の西方は、背丈より高い熊笹の中に大木が散在しています。道はないので熊笹をかき分けて進むのですが、こういう動作を「やぶこぎ」という人があります。登りは特に抵抗が大きく、太いと思われる大木に近づくために難儀をしました。探し回ると、ここはやはりブナの大木が一番多く、その他には、ミズナラ・栃などの幹周り300㎝を少し超す木もありました。ブナの大木は沢より上方に多く、所々に枯死した巨木が横たわっています。その状況を見ると、ブナには樫やクヌギなどと同様に、しらたと赤身の区別なく、芯までコルク状になっています。何本か測った結果、幹周り300㎝を越えるブナは10本以上ありました。その中で最大のブナがこれです。かなりの老体です。

　当日は次の裏谷原生林と両方歩き回ったので、夜になったら心臓が不整脈を起こし、筆者も老体の域に入ったのでしょう。　　＊地図30

橅3
段戸原生林のブナ 設楽町段戸国有林裏谷原生林（H16・11・13訪）

実測幹周り380㎝

　樅(つが)・栂・ミズナラ・サワラ・桧・欅などの大木に混じってブナもあります。古い木は朽ちて倒れ、それが肥になるのでしょう。ここは大木の仲間が多いので、お互いがすくすくと伸びて背丈の高い木が目立ちます。東海自然歩道が段戸湖の南から寧比曽岳へ向かっていますが、その途中に原生林が長く続きます。その中で最も太いと思われたブナがこれです。　この原生林の中に、樅は樹齢260年、栂は300年くらいになるといわれる巨木が沢山あります。　　＊地図34

橅3　段戸原生林のブナ

橅2　稲武町　上方（ツタがはびこっている）

橅2　稲武町　下方　面ノ木原生林最大のブナ

「榎」 (えのき) Hackberry 〈学名Celtis sinensis〉

　これは街道の一里塚に植えられた木で、近年では用材としてはあまり使われない木です。椋に似ていて、実がそれよりやや小さい木です。この実も甘いので食べたそうです。榎の県下1は、環境省の報告書によれば豊田市幸海町の祐源寺のものとされていました。それで現地へ行って見ますと、看板には「ムクの木」となっていて、確認すると椋に間違いないということです。幹周りは470cmでした。(H16・9・18訪)

　This tree was planted as the mileposts, it is unutilized as timber. It is similar to MUKU, but the nuts are smaller than that. Since ancient times, people have eaten these nuts because they are sweet.

榎1
豊田市坂上町の榎 (H16・9・25訪)

　実測幹周り550cm（市名木）

　坂上の前は大字日明(ひあかり)という地名でした。ここはその中の字日向という所で県道の3差路付近です。この3差路の南の川沿いから、河川改修の際に、縄文時代の石器加工場が発掘されたことがあります。

　環境省の報告書では幹周りが430cmとなっています。しかし、根元の地盤から2mほどの細くなった所で何度測ってもこの寸法でした。樹齢350年以上とされる大変な古木です。木の幹が途中から切ってありますので、根元は大きな空洞となっています。地主の沢田さんの奥さんに伺うと、この洞には昔ムササビがいたり、ゴロスケ（フクロウ）が「ゴロスケ　ホー　ホー」と鳴いていたそうですが、家を木の近くに作ってからは来なくなったそうです。

榎1　豊田市　坂上町の榎

余談になりますが、沢田さん夫婦は足助町四つ松から韓国へ渡り、そちらで人を使って裕福に暮らしていましたが、戦争に負けると財産をそのままにして引き揚げてきたそうです。そこで思い出されるのは、韓国の学校にこれと同じ榎の大木があったことだそうです。

さらに、この木を以前調査に来た人が、「これは県下2番目の榎木の大木である」と説明して帰ったそうです。1番目はどれか、環境省のデータによるものなら、前記の話になります。　＊地図31

榎2
随応院の榎　豊田市寺部町
（ずいおういん）

実測幹周り410cm、高さ約25m

圏この寺は奈良時代の勧学院文護寺跡とされ、塔の礎石（柱穴の径がなんと90cmある！）と布目瓦が掘り出され保存してあります。寺部（寺辺）の地名の元になった所だそうです。現在の寺名は極楽山随応院不遠寺といいます。長い白壁の参道を入っていくと、両側にお堂があり、俗に東側は地獄堂、西側は極楽堂と呼ば

塔の礎石（舎利を入れる穴がある）

れるそうです。本堂を平成3年修繕した時、床板をはがしたら、「元禄3年（1690）修繕」という墨書きが見つかりました。ということは、この寺はもっと昔から火災に遭っていないことになります。

圏寺から東へ進む道は、途中の常夜灯に「ぜんこうじ」を示す道しるべがあります。従って、豊田の昔の人達は矢作川を渡って来て、ここから矢作川の東側を足助方面に向かったそうです。　＊地図32

その他の榎

幹周り440cmの榎木が小原村日面にあることになっていますが、その木は枯れたそうです。

岡崎市奥殿町の磯谷宅の榎木は幹周り370cmで市名木となっています。この程度の榎木は他にもあるでしょうが、これは奥殿陣屋跡付近の小高い所にあって、古色蒼然としています。

榎2　豊田市　寺部町の随応院にある榎木（枝が切られていない雄大な木）

その他の榎　岡崎市　奥殿町の榎　遠景

「くろがね黐」 Kuroganemoti 〈学名Ilex rotunda〉

実をつけた木（豊橋市多米町）

中国大陸にもある木で、樹皮から「鳥もち」を作った木だそうです。ソロバンの玉を作った木でもあり、関東以西の木とされ、雌株には5ミリほどの赤い実が沢山成ります（黒い実の成る黐の木は「ネズミ黐」だそうです）。クロウして金持ちになるという語呂からも縁起がよいというのでしばしば庭木に使われる木です。別名、フクラ（福来）シバとも言われるそうです。

It is said that birdlime was processed from the bark of this tree. Now that kind of birdlimes is not used. The counters of Japanese abacus are made from the wood of this tree. It is saying that the tree is lucky for saving money, it is sometimes planted as a garden tree.

くろがね黐1
六栗のモチの木　幸田町六栗（H16・9・23訪）

実測幹周り403cm（無指定）

　志賀宅の入り口にあり、背丈ほどのところに枝を切った跡と思われる穴があいていて、そこから上が細くなっています。奥さんの話では、小さい頃にその穴の中へ3人入ってままごと遊びをやっていたそうです。3人も入ることが本当に出来たのか、改めて聞いても本当だそうです。ですからその後、その穴は塞がってきたことになります。この木は今まで知り得なかったのですが、平成9年に名古屋タイムズの「愛知県の名木・古木」シリーズに載った、と知り合いである志賀さん本人から聞いたので調査に出かけたものです。

　囲志賀宅は大きな二階家で、長さを歩測すると26mあります。これは旭町田津原の小沢宅（榧NO4参照）と同じくらいに見えます。屋敷も広く（1000坪あり、9代前に裏の本家から新家に出た）、そこには幹周り2mほどの欅の木もありましたが、日陰になるという理由と神様が木に宿る（後述）まえに処理した方が良かろうという理由で伐採されました。

　お宅の南方には池がありますが、ここはイボ神さんといい、この池の水でイボをこすると取れるという話があります。ここにも西方にある大岩山は、名前と形が良いことから神体山かも知れません。　＊地図33

くろがね黐1 　幸田町　六栗のクロガネモチ

くろがね黐2
白山神社のモチ　知多郡武豊町（H16・8訪）
実測幹周り360㎝、推定樹齢350年、樹高18ｍ、雄株（S43県指定）

　現地の説明板には幹周り327㎝・樹高13ｍとあり、指定されてからこれだけ太くなったのでしょう。ここは名鉄河和線富貴駅の北西約200ｍにあたり、西側に新四国25番の円観寺があります。この付近に富貴城（大高城）跡もあったようです。

くろがね黐3
神倉神社のクロガネ黐　蒲郡市宝町（H16・8訪）
実測幹周り340㎝、高さ16．6ｍ、雌株

　この木は傘型の立派な姿をしていて樹勢もあります。ただし、幹周りの寸法を測るときに困りました。地上1．2ｍから急に細くなって前記の寸法になっているのです。その下は390㎝あります。ここの神倉神社は同じ名前である和歌山県新宮市の神倉神社が元宮だそうです。

くろがね黐4
安城市榎前のクロガネモチ（H16・8訪）
実測幹周り331㎝、樹齢約400年、高さ19ｍ、雄株（S53県指定）

　環境省の報告書によれば幹周り487㎝とあったので、そんなに太いモチの木があるだろうかと疑いながら、タクシー代4790円払って見てきました。ところがやはりそんなに太くはなく前記のとおりです。こうした間違いの原因はよく分かりません。けれども、この木の姿も傘を被ったようで古さを感じます。榎前の信号から東側に大きく見え、佐藤宅の屋敷南西にあります。市の説明書によれば、昔はこの木を鬼門の方角（家の中心から北東および南西）に植える風習があったようです。南隣りに雌株があります。

その他のくろがね黐
　岡崎市上地町の早川宅に、幹周り400㎝のクロガネモチがあるという（環境省報告書）ので調査に行きました。丁度入り口で主人と出会い、説明をいただきながら見せてもらいました。6本ほどのモチの大木があり、最大のものは残念ながら幹周り260㎝でした。この屋敷も広く、推測40アールほどですが、周囲には昔そのままのモチや椎などの大木が残され、岡崎市「ふるさとの森」に指定されています。「ふるさとの森」は市内に38カ所指定されていますが、寺社が多く個人の屋敷では唯一の場所です。東には土塁の跡が確認でき、相当な旧家です。

くろがね黐2　武豊町　白山神社のモチ

くろがね黐4　安城市　榎前のクロガネモチ

くろがね黐3　蒲郡市　神倉神社のクロガネ黐

「ミズナラ」 Oak 〈学名Qurecus mongolica var. grosserrata〉

　ブナ科で、標高の高い所に育つ木です。葉はクヌギやコナラに似ていますが、倒卵形といって先の方に向かって幅が広くなっています。小さなドングリのような実がなります。尾根付近から沢近くまでの広い範囲に育っていますが、最も太いものはやはり沢の近くで育っています。

ミズナラ1
裏谷原生林のミズナラ
　　設楽町段戸国有林裏谷原生林　　（H16・12・25訪）
　　　実測幹周り466cm
　　ここは、段戸国有林裏谷原生林で、この面積が134haあるそうです。標高900mくらいの地域で、雨量が年間2400㎜ほど降るので、平地の1300㎜ほどに対して多く、樹木には適した土地になります。原生林ですから樅・栂・サワラ・ブナ・欅なども自由に上に伸びています。ここでは樹高30mくらいのこれらの巨木が立ち並び、実際に入り込んで見ると壮観です。ここを管理する営林署は、最近になって原生林の特長を考えて、こういった雑木を多く含む林を温存するようになったそうです。
　　ここも「面の木原生林」と同様に、加藤さんに「奥地を探すと太い木がある」と教えてもらい再度2時間ほど探しました。この原生林にある各種の巨木の中で、見つけた最大の木がこれです。＊地図35

ミズナラ2
裏谷原生林のミズナラ （H16・12・25訪）
　　　実測幹周り463cm　　　　　　　　　　　　　―写真は151ページ―
　　この木は上記と同様に川のそばにあります。西側の枝が折れて裂けたためか、根元付近が腐ってきました。裂けてなければこれが1番太かったでしょう。
　　　　　　　　　　　　　　　　　　　　　　　　　　　　　　＊地図35

ミズナラ3
裏谷原生林のミズナラ （H16・12・25訪）
　　　実測幹周り425cm　　　　　　　　　　　　　―写真は151ページ―
　　NO2とNO4の中間にあり、樹勢良しです。＊地図35

ミズナラ1　原生林のミズナラ

ミズナラ4
裏谷原生林のミズナラ（H16・11訪）

実測幹周り400cm

この木は尾根にあり、空洞は無く樹勢良しです。＊地図35

ミズナラ5
面の木原生林のミズナラ　稲武町（H16・4訪）

実測幹周り390cm

面の木峠の西方200mほどの、県道沿いの木です。山の麓近くの水分の多い所です。面の木原生林では最大のミズナラです。　＊地図30

稲武町　面の木原生林（H16・12撮）

　囲面の木峠について補足します。この峠から津具の平地まで道路はヘアピンカーブが続き、数えるとちょうど100カ所曲がっています。またここには、砂岩、溶岩、黒曜石、玉石など各種の岩石があり、天狗の鼻と呼ばれる絶壁は、古くから信仰の対象でした。（拙著『愛知発　巨石信仰』参照）

ミズナラ2　設楽町　裏谷原生林のミズナラ

ミズナラ3　裏谷原生林のミズナラ

ミズナラ4　裏谷原生林のミズナラ

ミズナラ5　面の木原生林のミズナラ（H16.4）

「楓」 かえで

Maple tree〈学名Acer　palmatum〉

　楓科のいわゆる「モミジ」といわれる代表種は「いろはモミジ」だそうです。「かえで」とは「カエルデ（蛙手）」から名付いたといわれます。幹は一般に曲がっている木が多いようです。
　葉が紅葉する代表的な木で、晩秋の底冷えがはじまると黄色から赤色に変わって、最終的には落葉します。

楓1
設楽町豊邦の楓　設楽町豊邦字桑平（H16・11・13訪）

実測根回り400cm

　写真のように根元から枝分かれしていますので、3本の各々の幹周り240cm・230cm・160cmを1本に換算しますと、幹周り370cmとなります。国道420号から北方の坂を登っていくと、5～6軒家のある高台があり、そこの廃屋の裏にある樹勢の良い木です。根元の石塔には「三界……」とあり、その東側に当家の墓地があります。

樹下より

遠景

楓1　設楽町豊邦の楓

「イヌビワ」 Inubiwa〈学名 Ficus erecta THUNB〉

　桑科の落葉低木で、イチジクに似た小さな実をつけて、秋になると紫色となって食べられます。この樹種は詳しく分類すると、前出の細葉イヌビワをはじめ他にも色々あるそうです。

イヌビワ1
名古屋城入り口のイヌビワ　名古屋市（H16・10訪）

実測幹周り360cm

　これはイチョウの木を探していた時に見つけたものです。東海農政局の南側で、公園との境界にあり、農政局のフェンスがこの木を避けて設けられています。おりしも木には桃色の見たことのない実が沢山成っていました。一体この木は何という木なのでしょうか。台風で落ちた小枝の写真を撮って県の公園緑地課で聞いたところ、イヌビワであろう、ということになりました。辞書によると、「4〜5mの低木」とありますが、この木は10mを越える高さがあります。　＊地図16

イヌビワの実

＜後補＞ここに江戸期東照宮があって、これはオガタマ（招魂）の木であろう、という指摘が読者からありました。

イヌビワ1　名古屋城入り口のイヌビワ

「巨木よもやま話」

ここでは思いつくままに樹木の話をしてみます。

アスナロ（明桧）という木は材質が桧に一歩及ばないから、明日は桧（木の王様とされる）になりたいと願った木といわれるのは俗説で、実のところアスナロは材質がよいのだそうです。

イヌ榧とかイヌ山椒などとイヌの付く木は、本榧・山椒より少し劣るということだそうです。

普通ヒイラギの木は葉がトゲトゲですが、古木になると上の方の葉はトゲトゲがなくなるという不思議な現象となります。東栄町三輪字上栗に幹周り321㎝、設楽町天堤の県道脇に幹周り250㎝、鳳来町山中の山口昌一宅に幹周り205㎝の木などがあります。

ヒイラギの古木　左は上方の葉で右は下方の葉

メタセコイヤの木は、中国に自生していた地質年代からの木ですが、1949年カリフォルニア大学の教授が天皇に献上のため日本へ持ち込んでから我が国に見られるようになったのだそうです。

猿投山の頂上付近にはツガの幹周り350㎝くらいなものもあります。そのほか神社の杜には杉・桧・椎・楠・松など**原生林**となっていることが多いのは、神の杜として天界から先祖の霊（神）が舞い戻る場合の目印とされ、めったに伐られないためでしょう。神社の社という字は昔は「もり」と呼ばれたそうです。豊根村の川宇連神社には「花の木」の原生林があり、県指定天然記念物になっています。径１m近くの大木で珍しいことから「県の木」として選ばれました。

設楽町の後藤町長に聞いた話ですが、設楽町と東栄町にまたがる鴨山郡有林の中に栃や欅の大木があるそうで、職員に聞くと幹周りは３mを少し越えるくらいではないかということです。

神が宿る木に関しての話です。幸田町六栗の志賀宅に山師が来て、「木は樹齢500年以上経つと神が宿る」といわれ、家が日陰にもなるのでとうとうその素性

の良い欅を伐採したそうです。「山師」というのは、悪い意味もあるようですが、これは木を売買する職業で、立ち木の値段を決めて売り買いする商売です。つまり、その木を切って内側が腐っていても値段の変更は出来ないから「ヤマをかけて商売する」ということです。

製材に関する話です。製材は概ね江戸時代まで、「木挽き」といって幅の広いノコギリを使い手でひいたのです。明治時代になると水力（水車を利用）で製材され、豊橋方面では明治30年に最初の電力によるものが出来たそうです。大正時代になると、蒸気の動力で行われた所もあるようですが、水車による製材が山地では昭和の後半まで使われていました。製材所のノコギリは主に直径1mほどの丸ノコが使われ、次にバンド（オサノコ）も使われました。これは上下に動くノコギリで、切断面がやや曲がってしまう欠点があったそうです。その後は現在の「帯ノコ」が使われています。製材できる丸太の直径は、丸ノコでは大略50cmほど、バンドはかなりの大きさまで可能、帯ノコでは90cmくらいまで、というのが常識でした。しかし、最近の外材を製材する場合は背丈ほどの径の丸太も可能です。銘木のような製材にかからない太い丸太は、現在でも人力の木挽きによります。大きな木は両方から二人がかりで水平に挽くことが多いのです。製材所はしばしば「白木屋」と言いますが、製材したばかりの板は本当に白く見えるのでそう言うのでしょう。

木挽き（両びき）の状況
＜昭和50年頃中日球場近くの「鬼頭らんま」で＞

　製材の話のついでに、木曽五木のような大切な木が用材として製材される場合の話です。製材のノコギリの厚さは大規模なもので3mmあるから、オガコになって飛び散ってしまう分が勿体ないことになります。薄い小規模なものでも0.7mmあり、天井板の厚さ7mmとすると1割はオガコとなって飛び散ってしまうことになるわけです。銘木は高価なので、厚さ3mmの板を7枚から15枚くらいに薄くスライスして、ベニヤ板に貼りつけ天井板などに加工する商売もあります。

　過去に切り倒し用材として使われたもの、あるいは枯れて埋没したような樹齢200年以上の古い木は、年輪年代測定法という方法で何時頃の年代に生きていたのか分かるそうです。矢作川の天神橋の下流から河床低下により、24本の埋

没林が出てきたのですが、この年代を知るためには同位炭素（C14）法しか無いようです。

　南向きで風当たりの強い所の木は、しばしばアテという堅い筋状になった部分があります。材質が均一でないため、製材する時から変形し始めて、ひどいものになると鋸が挟まって苦労するほどだそうです。このような木は用材に不向きなので、材木は山奥の木が好まれます。

　また殆どの木には、「シラタ」と「赤身」があります。シラタというのは木の表面部のやや白い腐りやすい部分で、赤身は芯に近い部分のやや赤くて堅い腐りにくい部分をいいます。樹令の古い木ほど、変形・ヒビ割れ・腐りに強く、同時に木目が鮮やかで複雑なモクが出るということで好まれます。杉や桧は樹齢60年以上になると用材に向くそうですが、太い木は少なくなっています。

　木を用材として伐採する作業は、秋から冬にかけて行なわれます（一番良い時期は冬の新月前後といわれる）。各種の木は春4月から夏8月までに切ると水を吸い上げているため、虫が入りやすく使い物になりません。虫は特にシラタに入ります。筆者が経験した事例ですが、夏に赤松を薪にするため切断したら、すぐに黒い羽根の虫があらゆる方面からすごい羽音と共に集まって来て、次の日にその木のそばに行くと、「シャキッ、シャキッ」という木を食べている音が沢山聞こえてきました。

　また冬に伐採した木でも、その年の梅雨までに製材しないとやはり虫が入ります。そして製材しても皮が付いているとやはり虫が入って困ります。ですから皮は薄皮まで取り除きます。

　外材が弱いと思った例として、災害復旧で急拵えの仮橋を架けた時のことです。近くにあった径1mばかりの外材を使ったのですが、すぐ折れてしまいました。日本の赤松か欅ならば、従来の木橋の例から径30cmほどで大丈夫なはずです。

最近の樹木に対する問題点を言います。冒頭でも触れましたが、巨木は長年の四季の移り変わりや、天変地異などに耐えてきました。ことに最近では大気や水質の変化も激しいし、また付近の開発によって枝や根が切られたり、根の上を盛土や舗装されたり、周囲の土を削られる木も多くなってきました。

　最近どういうわけか松が枯れて衰退し、竹が山を徐々に占領しているように見えます。三河黒松は昔から天然林や庭木などで有名でしたが、少なくとも筆者の住まいの岡崎市北部では、今はもう松が殆どありません。竹は1年間で20mくらい伸び、たちまちその陰になった樹木を枯らしてしまいます。長い目で見るともっとはっきりしてきますが、三河付近で感じることは、楠も増えて来たようにも見えます。矢作川の源流である大川入山の南面にある樅の木が、酸性雨（霧）で枯れているといわれます。大気汚染で雨や霧が酸性化し、それ

らがよく当たる区域の常緑樹は葉に蓄積され、ある程度の樹齢になると全て枯れてしまい、現地は数十年前から笹原が生い茂っています。もうすでに矢作川の水のpHも4.6ほどだそうですから。

　そのほかにも、最近多くの人が気付いているように、材木が高価に売れないということから、山が荒れているということです。設楽町のある人が娘の嫁入り資金を得ようと、大型トラック5台分の丸太を自分の山から切り出してもらって精算に赴いたところ、150万円出してくれといわれたそうです。つまり売れた値段よりも赤字になったわけです。このような時勢ですから、間伐や枝打ちなどの山の手入れは殆ど行われなくなっています。このようなことが最近の樹木に関して気にかかる問題点です。

「よらば大樹の陰」という言葉は大物の傍は安心という例えに使われますが、黙って立つ巨木を見るとたしかに頼りがいがありそうです。そして黙って長い年月良い空気を放出してくれたわけです。井戸水を汲み上げる高さは、10mまでといわれますが、巨木はよくも高い葉の先々まで水を吸い上げるものです。

　用材について色々思い出します。千年たった木で作られた法隆寺のような建物は千年もちます。出雲大社の古代の柱は高さ48mほどありました。東大寺の柱は長さ40mくらいですが、太いから根元にあけてある穴を修学旅行で潜った覚えがあります。

出雲大社の旧本殿の柱根（3本1組）出雲市パンフレットより

豊川稲荷の門扉は幅が1m60cmほどある欅の板（同幅で長さ約6m、厚さ約12cmのものが建物内にある）です。これらは全て人力で切り倒し運んで、手斧（次ページ写真）・鎗かんな・木挽きなどで仕上げたものです。東海道一の長さを誇った矢作橋は、橋脚の太さが末口尺六寸（48cm）という材料の時もあったそうです。市史を見ると、海上運搬と川舟運搬の責任者が定められた記録もあります。ということは、全国から材料が集められたことを表します。橋脚1本長さ6mほどの材木の重量は約800kgあり、橋長300mほどでしたので、桁も加えると300本ほどの大木が運ばれたことでしょう。現在、橋に使うことの出来るこのような寸法の、真っ直ぐな大木を県下で1本探すのでも大変なことです。橋に使う樹種は、赤松が多いのですが、欅の場合もありました。架け替えする場合、樹種は全て同種でした。この大木の橋脚打ち込み方法は、豊田土木事務所発行「矢作川」（拙著）を見てください。橋よりもっと大木が使われたのは、

手斧（ちょうな）　プロはけがをしないようにつま先を上げる。

大寺院です。豊田市寺部町にあった奈良期の勧学院文護寺の塔の礎石を見ると、柱坐の径は90cmあります。塔の高さ40mとしてもどでかい柱です。塔ばかりでなく本堂の骨組みも大木が使われました。やはり豊田市の隣松寺が寛文7年（1667）に建て替えられた時、その材料は矢作川を舟で上ってきて、丁度堤防が洪水で切れていたため建築現場までそのまま運ばれたそうです。伊勢神宮では、今でも大木の「川引き」と「陸引き」という行事があるそうです。

和歌山県西牟婁郡中辺路の宇江敏勝氏は、山から山を移り歩く炭焼きの子でしたが、山から高校へ通い作家となられました。次に氏の本から引用させていただきます。

　「炭は備長炭といって『ウバメ樫』から作るのです。ウバメ樫は舟の艪や荷車の車輪にも使われた木だそうです。紀伊半島東部の特産で、この木は知多・渥美半島に沢山ありますが大木にはなりません。

　大木の伐採に関する話としては、昭和33年ころまでチェンソーは無かったから、斧を最初に使い、後からノコギリで倒したそうです。ノコギリのみで切ろうとすると、木の重量で挟まって切れないし、倒れるときに木が割れてはいけないので、特に大きな木は斧で根元をくり抜き、3本足にしてから切り倒しました（三紐伐り）。切った丸太は川へおろし、川を利用して吉野川を新宮まで流しました。大水のときは海へ流れてしまい、伊豆の大島や八丈島ではその新宮材で家を建てた人があるそうです。大体12パーセントが流難材になったといわれます。

　黒木とは樅や栂で、白木は杉・桧を言ったそうです。杉は切ってから半年放置しておいた方がつやが良いが、桧はすぐ製材にかけた方がよいそうです。栃の木は柔らかいのでノコギリの目が詰まりやすく、目が所々とびとびの改良型のノコギリを使い、松はやにで挽きにくくなるのでノコギリに灯油を塗りました。

　山の神はみにくい女だそうで、オコゼを見ると安心するのでそれを供えました。また伐採人の仕事始めの時には付近の立派な木の根元を選んで、米・じゃこ（煮干し）などを供えたり、もっと丁寧に行う場合はケズリバナと言って木

を削って御幣に相当するものを作る人もありました。」

　宇江さんはこうして炭焼きから植林などの山仕事のあと、作家活動の傍ら、最近では熊野古道の案内人としても活躍してみえます。

　備長炭というのは近年では専ら紀伊半島東部の産物ですが、当初は備前の長兵衛という人が始め、その技法が紀伊半島東部に伝えられたそうです（宮本常一著作集）。近年では山の植林をする場合、一部分雑木のまま残すようになりました。これは鳥や動物などが針葉樹林には殆ど寄りつかないため、生態系を考えた常識になってきたことです。愛知県の最奥の地である富山村の山を見ると、雑木（広葉樹）林の原生林が多く残してあるようです。

　日本は「木の国」とか、「木の文化」が発達したといいますが、その辺の話を少し書いてみます。

　紀伊国屋文左衛門は紀州の木を江戸へ運んで裕福に暮らした人だといわれます。紀州はまた「木の国」でもあります。熊野市は以前「木本町」といわれました。

　家具のタンスの中では桐材が最良とされますが、その理由は軽くて虫が寄りつきにくい、さらに防火防水性があることだそうです。矢作川の洪水の時、上流から桐のタンスが流れてきたので拾ったら中の衣類は濡れていないうえ、さらに思いがけず小判が入っていたという話を聞いたことがあります。

　椋の葉とか、トクサ（砥草）は紙ヤスリの代用でした。朴の葉は「ほうば味噌」とか「朴葉寿司」に使われ、タラヨウは古来その葉の裏が紙の代用として、文字を書いて手紙に使われた照葉樹です。照葉樹とは、椿・ウバメ樫やタブの木のような葉が厚くてつやのある木だそうです。

　木地物とは太鼓・椀や盆などをろくろで作り、曲げ物というのはセイロや篩など薄板で曲げて作る物、和紙はこうぞ・三つ叉から作り、藤・葛などの繊維から布を作るという人が今でもいます。この他にも木の製品・文化についての話は数限りなくありますが、多くの知恵や技術、物などが失われていくものの方がずっと多いのではないでしょうか。

　「**山**の神」は全国的にいうと、山での伐採・山菜採り・狩猟・鉱物採取など、原始時代から山に生きて来た人達の心のよりどころでした。そして瀬戸内海にある大山祇神社へ行ってみても、「山の神には大山津見命を祀る」ことになっています。この神はコノハナサクヤヒメの父親ですから、そうなると前記の"山の神は女"という俗説とは異なり"山の神は男"になってしまいます。

愛知県巨木ランキング　　（幹周り800cm以上）

No.	場所	名前	訪問日	指定別	幹周り
1	東加茂郡旭町	貞観の杉	15・5	国天	1240
2	蒲郡市清田	清田の大楠	15・8	国天	1210
3	豊田市東献部町	八柱神社の樟	15・8	県天	1210
4	北設楽郡設楽町	豊邦の樫	16・7	無	1200
5	名古屋市南区楠町	村上神社の楠	16・8	市名木	1170
6	新城市日吉	鳥原神社の樟	16・7	市天	1050
7	名古屋市	「くすのきさん」	16・9		1020
8	東海市	大田の大楠	16・6	市天	974
9	額田郡額田町	寺野の大楠	16・5	県天	945
10	御津町	御津神社の楠	16・8	無	940
11	豊川市八幡	八幡神社の楠	16・6	無	940
12	豊川市麻生田	玉林寺の楠	16・5	市天	900
13	中島郡平和町	西八幡社の大楠	16・7	町天	885
14	名古屋市熱田区	熱田神宮の楠	16・6	無	875
15	北設楽郡東栄町	神社の綾杉	16・9	県天	870
16	宝飯郡御津町	観音寺の大楠	15・7	町天	870
17	東加茂郡足助町	薬師堂の杉	15・5	無	870
18	海部郡弥富町	薬師寺の大楠	16・8	町天	850
19	音羽町	関川神社の楠	16・9	町天	820
20	額田郡額田町	切山の大杉	15・11	県天	815
21	名古屋市中区	名古屋城の榧	16・9	国天	810
22	設楽町	池場守護社の杉	15・9	無	810
23	北設楽郡富山村	大沼の栃	16・7	無	810

平成16年10月　作成

愛知の巨木　所在MAP

地図1

地図2

地図3

地図4

地図5

地図6

地図7

地図8

地図9

地図10

地図11

地図12

地図13

地図14

地図15

地図16

地図17

地図18

地図19

地図20

地図21

地図22

地図23

地図24

地図25

地図26

地図27

地図28

地図29

地図30

地図31

地図32

地図33

地図34

地図35

あとがき

　以上、巨木について調べてきましたが、次から次に情報が入り、なかなか終結しませんでした。ここに紹介してきましたように多くの樹種があり、まだこの他にも巨木はありますが、一応この辺で区切らせて戴きたいと思います。また木は生きていますので、年月とともに枯れたり倒れたりしますので現時点での巨木として紹介しました。

　ここに至るまで約2年間、古くから暖めていた資料を含め、生物の極致の姿をようやく発表するはこびになりました。

　ここに載せた写真について、もっと遠くから撮ると付近の地形が分かって良いのですが、どうしても木の古さ・偉大さ・迫力をすこしでも出そうとするとこういう写真になってしまいます。また思いついて出かけた当日に何カ所も見てきますので、天候が必ずしも良い日ばかりでなく、夕方になったりして綺麗な写真が撮れないことはしばしばあり、大変残念です。

　木は季節によって景色を変えます。花が咲き、実が成り、紅葉し、葉が落ちたりして様々な姿を現しますが、ここに紹介したものはその中の一瞬です。

　この本の校正は豊川稲荷門前の森下仁愛氏に、英文に関することは先輩の桑山忠工学博士と石井志保さん、編集のとりまとめは風媒社の劉永昇編集長にお世話になりました。各氏のご協力なしには出来なかったことであり、感謝に絶えません。

中根洋治

[著者略歴]
中根　洋治（なかね・ようじ）
1943年、愛知県岡崎市細川町に生まれる。
現在も同地に在住。
元愛知県土木技術職員。
NHK文化センター豊橋講師。
[著書]
『矢作川』（愛知県豊田土木事務所発行）
『愛知の歴史街道』
『愛知発　巨石信仰』
『細川郷』（いずれも私家版）

装幀＝深井 猛

```
愛知発巨石信仰
中根洋治著　定価4,500円（税込）
県内160・県外80カ所あまりの古代から信
仰を集める有名な岩を掲載。神社発祥以前
のご神体、ストーンサークルなど、日本原
住民の心の拠り所を探る。地名に残る岩の
ありか。
＊お問い合わせは……
　岡崎市細川町字長根17-5
　中根洋治　まで
```

愛知の巨木
───────────────
2005年3月25日　第1刷発行　（定価はカバーに表示してあります）
2005年6月20日　第2刷発行

　　　　　　　著　者　　中根　洋治
　　　　　　　発行者　　稲垣 喜代志

発行所　　名古屋市中区上前津2-9-14　久野ビル　　　風媒社
　　　　振替00880-5-5616　電話052-331-0008
　　　　　http://www.fubaisha.com/

乱丁・落丁本はお取り替えいたします。　　＊印刷・製本／大阪書籍
ISBN4-8331-0118-1

風媒社の本

吉川幸一編著
[増補改訂版]
こんなに楽しい 岐阜の山旅100コース
〈美濃上〉
定価(1500円+税)

「愛知の130山」につづく、待望の岐阜県版登山ガイドに残雪期の山々も増補し大幅改訂。親切MAPと周辺情報も多彩に、低山歩きから本格登山まで楽しい山行を安心サポート。ファミリー登山から中高年愛好者まで必携のガイドブック。

吉川幸一編著
こんなに楽しい 岐阜の山旅100コース
〈美濃下〉
定価(1500円+税)

"低山の宝庫"美濃の魅力を満喫できる、上巻につづいて大好評の岐阜県版山歩きガイド。周辺情報もますます充実。初心者から上級者まで、ていねいな詳細地図と文章で山行へと誘う。四季折々の山のすばらしさを体感するための決定版ガイドブック。

中津川哲司・小谷哲治著
三河・遠州の
スーパー低山ハイキング
定価(1600円+税)

家族で夫婦で、気軽に登れる"超"低山の楽しさを満載。海を望む展望抜群の山、姫街道の低山めぐり、戦国時代歴史の舞台となった山城跡、子どもの喜ぶ遊具いっぱいの山などなど……。バリエーション豊かに、たっぷり楽しめるハイキングガイド。

山中保一著
鈴鹿の山 完全82コース
定価(1505円+税)

人気の鈴鹿連峰の代表的な山と渓流歩き、歴史の街道歩きコースを徹底ガイドした決定版。初心者からベテランまでを満足させるさまざまな種類のコースを網羅し、鈴鹿の山の魅力をあますず解説。多数の写真とコースそれぞれの詳細地図を掲載した必携ガイド。

宇佐美イワオ著
ふれあいウォーク東海自然歩道
●遊歩図鑑パートXIII
定価(1300円+税)

手軽に楽しむウォーキングロードとして親しまれてきた東海自然歩道。愛知・岐阜・三重の全コース720キロを完全イラスト化し、所要時間、歩行距離、トイレの有無など、実際に歩いて集めた便利な情報を収録。ゆたかな自然と歴史を訪ね歩くための最新版オールイラストガイド。

雑木林研究会編
行ってみようよ！森の学校
●東海版
定価(1600円+税)

自然観察に始まり、生きもの調査、アートクラフト、ネーチャーゲーム、田んぼづくり…。里山でできることは多種多様。森を楽しみつくすために気軽に参加できる里山活動グループを一挙紹介。里山の魅力を再発見するための最適な道案内。あなたが主役の雑木林づくり！

風媒社の本

吉川幸一編著
こんなに楽しい 岐阜の山旅100コース
〈美濃下〉
定価(1500円+税)

"低山の宝庫"美濃の魅力を満喫できる、上巻につづいて大好評の岐阜県版山歩きガイド。周辺情報もますます充実。初心者から上級者まで、ていねいな詳細地図と文章で山行へと誘う。四季折々の山のすばらしさを体感するための決定版ガイドブック。

宇佐美イワオ 著
親と子の
ときめき日帰り遊び場ガイド
定価(1000円+税)

親子で遊びつくそう！ 大好評のタダ見ガイドシリーズから精選した東海地域のリーズナブルな遊び場53カ所をオールカラーでイラスト図解。藤前干潟観察（愛知）、21世紀の森公園（岐阜）など新スポットも紹介。

SKIP著
[東海版]
ものづくり・手づくり
体験ガイド
定価(1500円+税)

高いお金を払う一時のレジャーよりも、小さくても自分のオリジナルの作品を作ってみたい—。陶芸体験、ガラス細工から豆腐作り、草木染など、さまざまな手づくり体験ができる施設を、失敗談、裏ワザなども紹介しながらわくわくレポート。見るだけでも楽しい初めてのガイド。

近藤紀巳著
東海の100滝紀行【I】
定価(1500円+税)

東海地方の知られざる滝、名瀑を訪ねる感動のガイドブック。愛知・岐阜・飛騨・三重・長野・福井エリアから選び出された清冽な風景を主役に、周辺のお楽しみ情報をたっぷり収録し、小さな旅へと読者を誘う。オールカラーガイド。

近藤紀巳著
東海の100滝紀行【II】
定価(1500円+税)

かけがえのない感動をあなたに！滝は自然のつくりあげた芸術作品。訪れる者に大きな感動を与えてくれる「百滝巡礼」に出掛けてみませんか。ベストセラーとなった全編に続き待望の完結編が刊行！

川端守・文　山本卓蔵・写真
熊野古道　世界遺産を歩く
定価(1500円+税)

日本初の「道の世界遺産」＝熊野古道。古道を歩く魅力の真髄は、巡礼の道・庶民の道といわれた伊勢路歩きにある。荷坂峠からツヅラト峠、馬越峠の石畳を踏みしめて、熊野三山に至る世界遺産コースを、魅惑の写真をふんだんに用い詳細にガイドする。

風媒社の本

**自然学総合研究所
地域自然科学研究所編
東海　花の湿原紀行**

定価(1505円＋税)

愛知・岐阜・三重エリアの湿原を探訪、四季に咲く花々とそこに生息する貴重な生き物をていねいに紹介する。湿原の爽やかな魅力と豊穣な自然の貴重さをオールカラーで紹介する、東海エリアで初めてのガイドブック。

**志賀靖二編
エンジョイ
愛知の健康ウォーキング**
●楽しく歩こう55コース

定価(1400円＋税)

ウォーキングを長続きさせるコツは、楽しみながら歩くこと。市街地近郊の町並みから海岸歩き、歴史散歩や軽い山歩きまで「楽しさ」を重視して厳選した愛知県版。歩行距離・歩数・時間・消費カロリーを明示、細かい道まできちんと紹介、迷わず歩ける親切MAP付。

**志賀靖二・岡田文士著
エンジョイ
愛知の健康ウォーキング
Part2**

定価(1400円＋税)

好評のPART1に続き刊行されたオールカラーウォーキングガイド！　歴史の町並みから低山ハイキング、自然を満喫できる緑の散歩道まで「楽しさと健康」を重視してますます充実の55コース。細かい道まできちんと紹介、迷わず歩ける親切MAP付。

**近藤紀巳著
東海の名水・わき水
さわやか紀行**

定価(1500円＋税)

山にわき出る清水に出会い、大自然の恵みを味わう…。名水と誉れ高い泉を訪ね、清らかさに心打たれる…。土地の人々に愛され使われ続けている東海地方の清水・わき水・名水を歩き、土地の味覚と美しき風景を紹介するゆとりの旅のガイドブック。オールカラー版。

**近藤紀巳著
東海の名水・わき水
やすらぎ紀行**

定価(1500円＋税)

いざ、清冽な感動に出会う旅へ──。山にわき出る清水に出会い、大自然の恵みを味わう…。絶大な好評を博した「名水・わき水ガイド」の続編刊行！　愛知・岐阜・三重・長野エリアの清らかにして、心洗われる名水・湧水を厳選。旅情を味わい感動を訪ねる、ゆとりの旅のガイドブック。オールカラー版。

**朝日新聞名古屋本社元気面編集部編
週末ウォーキング
ベストコース**
●東海版

定価（1500円＋税)

朝日新聞の大人気連載「元気あるく」を一冊のガイドブックに！　新聞記者が沿道の出会いを楽しみながら歩いた56コース！　現地案内図・時刻表のほか、全行程の距離・歩数・ポイントごとのアップダウン度などを表示。周辺情報などを収録した「歩くヒント」も掲載。